新潮文庫

ウドウロク

有働由美子著

新潮社版

10774

文庫版はじめに

ちょうどこの文庫本が出る頃に、私ごとではありますが、人生の舵《かじ》を大きく切っています。

長年勤めたNHKを退社しました。ほぼ全員が反対した方の選択でした。どうしてそうしたのかも、わたしなりに本の後半に書きました。

四十の声を聞いてから書き始めたこのエッセイが、五十の声を聞こうかという今、文庫本になります。

もともと仕事帰りに適当に手に取っていただけるような、そんな手軽さと雑っぽさで存在させたいと、自信なさげに出したのだが、手に取ってくださる奇特な、まあ、たぶん私と同様に若干変わり者の方々のおかげで、文庫本にまでしてもらえることになった。ご褒美をいただいた気分。ありがとうございます。

読み返してびっくりしたのが、四十前後は、なんと「結婚」「出産」という、目に見えるオンナとしての「結果」に、「囚《とら》われて」いたのか、ということ。クロさもシロさも、すべてそこに起因している。そこからしか発想が出来てないとも言える。

親世代の旧態依然とした価値観に縛られたくないと、肩肘《かたひじ》も張り、意地も張り、世にもの申して歩いているつもりが、それはそのまま、誰よりもその価値観にしばられていた、ということである。

その価値観が故《ゆえ》に、結婚できていない自分、出産しなかった自分を逆に正当化するための、天に唾《つば》するような言い訳を並べている本だったんだ。と今、気がつきました。

ああやっぱり恥ずかしい。恥ずかしい。未熟なうちにエッセイなんか出すんじゃなかった。と地団駄踏みそうなものだが、人生五十年近くも生きてくると、まあそれはそれでしょうがないかと、これまでの人生を、きれいごとにしようと思わなくなる。人生を折り返して死というゴールがそう遠くもなく見えてくると、こうも変わるものかと思う。

たかが一人の女の戯《ざ》れ言《ごと》に過ぎない。が、もしよければ、ちらちらと読んでやってくだされば、わたしとしてはこの上ない歓びです。まずは手に取っていただけたことに、心より感謝して。文庫版はじめにとさせていただきます。

はじめに

ウドウロクは、逆から読むと、クロウドウとなる。

「あさイチ」という生活情報番組を四一歳ではじめてまもなく、担当プロデューサーが、放送終了後、私の発言に対して、

「出たね今日も、クロウドウ」

と、言うようになった。

クロも何も、若いリポーターが、笑顔で表現の稚拙さをごまかした時、ありがちな演出やコメントで「美味《おい》しいでしょう」とか、「きれいでしょう」とかおしつけがましく言ってきた時に、

「若いからってそれでいいのかしら」

とか、

「いや、別にそう思わないけど」

とか、普通に人が思うだろうことを、素直に親切に述べているだけなのに、

「クロウドウ」

だと言われる。

それが積もり積もって、私が何か発言するたびに、仕事仲間が、

「クロウドウ」

と言うようになった。

四十も過ぎると、誰かのエッセイを読んでも嫉妬《しっと》で曲解してしまい、そんな自分に嫌気がさす。

我を捨て無欲で生きる、というようなありがたい本を、弱った心が求めて読むことがあるのだが、少し元気を取り戻すと、生きている以上、そんなわけにいかないのよ、とクロさが出る。

そんなこんなを、包み隠さず書いてみました。

きっと、男性が読んだら中年女が怖くなり、順風満帆に幸せになった女性が読めば、

軽蔑《けいべつ》するでしょう。

そんな本です。

番組が調子いいからって、調子こいてエッセイかよ。

絶対、本なんか出したらそう思われるってば、と冷静に分析する自分と、文章での表現を何らかの形でできればというのは、四十女のたった一つの夢だったんだからいいじゃないか、と思う自己愛との狭間《はざま》に立たされた。

が、出すことにあいなりました。

もしよろしければ、四十半ばの女のひとりごと、読んでみてください。

目次

文庫版はじめに　3
はじめに　5
大人になってからの失恋　13

1
いろんな人から、いろんなことを言われました　19
わき汗　20
スーパーマーケット　29
男社会で長く生き過ぎ　36
一緒に住むの?　43
いちばんの人　46
まもるくん　51
好みの男性　57

2
ええ、仕事に一生懸命生きてきました。　61
結婚式司会の最大の懸案　62
不要品　71
独居中年の高熱　77
情けないある日　81
あの大仕事　85
NYなんて、英語なんて　95
それでも行く　105

3
酒がなかったら、この人がいなかったら…… 107
母のこと 108
親父 113
ジルとルーダ 122
いのっち 134
ちょーさん 142
本と酒 149

4
黒ウドウ 157
声 158
他人の彼氏は見えてしまう 163
ほどほどの美貌 170
私の個性、私が思う個性 175
クロウドウ語録 187

5
白ウドウ 193
小心者シリーズ① お見合い編 194
太る 207
小心者シリーズ② 昔の恋の捨て方編 212
不妊治療 219
独り遊び 225
嫌われてもいい、なんて、嘘だ 230

おわりに 238
文庫版あとがき 242

本文写真・イラスト　著者提供

ウドウロク

大人になってからの失恋

大人になってからの失恋は、へらへらとしている。傷ついた振りをして自分を主役にしたり、恨んだり、傷ついた傷より大げさに泣いたりしない。もちろん、友人に憐《あわ》れみを乞《こ》うたりもしない。ただひたすらぼんやりと、傷からふわっと、逃げるように、全力をもって、独り、日常の営みを一所懸命に繰り返す。いつもよりも、他人に優しくなる。ふわっと人の感情を、言葉を、受け止める。クリアに自分の感覚をもつと、とたんに、傷の深さに耐えられなくなるから。

大人になってからの失恋は、孤独でいいと思う。

いやもしかしたら、恋をしている最中も孤独。相手とさえ、完全に想《おも》いをシェアできないことがわかっている。そのくらい自分の〝なにか〟ができあがっている。

他人と自分の間にある隙間《すきま》に、目をつぶることができない。それが、いいことなのか、不幸せなことなのかわからないけれど。

そしてなぜか、時に、堰《せき》を切ったように涙があふれる。

それは自分のためのことではなく、たとえば少し共感できる映画を見たとき、知らない誰かのふとした表情に自分と同じ何かを感じ取ったとき、押し隠していた感情が暴れだす。そんなコントロールできない自分がみっともなくおもえ、なけなしの自信を失う。

そんなこんなが面倒くさくなって、恋をしなくなった。

犬を飼っている独身の友人をあざ笑っていた。

あ～あ、ついにそちら側へ。生身の人間ではなくペットに、あふれる母性と愛情を注ぐことにしたのかい。ワタシはしばらく恋もしていないが、まだペットには逃げてない、と、なんとなく上から目線で語っていた。長い間。

しかし、ワタシは犬を飼った。

寂しくなったわけでもない。誰かにしつこくすすめられたわけでもない。同じ独身の友人の一言で、飼いに走った。

「人生でやりたいこと、ほしいもの、ほしいと言っていいはずなのに、どうしてしないんだろうね。私たちって」

ワタシはこう答えた。

「私たちは、分相応《ぶんそうおう》をわきまえているから」

「でもさ、分不相応に、仕事も、夫も、子供も、なんなら恋も、ペットさえも手にして幸せにしている女友達もたくさんいるじゃない。なにが分相応なのかねえ」

しみじみとした。

そういえば、恋に発展しそうだったあのときも、夢だった海外での働き口の話があったときも、直前で、分不相応と逃げた。犬だって飼いたくて仕方がなかったのに、マイナス要因ばかり並べて諦《あきら》めた。

気付きたくなかったけど、ワタシにとっての分相応とは、今いる場所から飛び出て損をしたりしないようにする、傷つかないための檻《おり》の中にいることだったのか。

ワタシの人生は、独身でしばられるものがなく自由だと自負していたつもりだったが、男社会や時代のせいにして、実は安全地帯にいたかっただけだったんじゃないか？

いてもたってもいられなくなって、犬を求めた。いろいろ見たりしなかった。とにかく、飼うことが大事だった。

今からでも遅くない。ここから、ワタシは檻を出て、犬をきっかけに、欲しいものは欲しいと叫び、手に入れるんだ。たとえ、分不相応で傷ついたとしても。

そう決めた。

犬との生活は、すばらしい。家に生き物がいるということは、面倒くさいことではなく、こんなに愛《いと》おしいことだったか。お粗相《そそう》を始末して歩くことは、こんなにも優しい気持ちにしてくれるのか。寝るときに体温がそばにあるということは、安眠の妨害ではなく、こんなにも安心をもたらすことなのか。

だとしたら、だとしたら、もしかして、人間のパートナーと一緒に暮らしても。

もしかして。

とまでは思ったが。

強固に築き上げた檻を越えて行くには、犬との暮らしは居心地が良すぎるのである。

結局、ワタシは、まだ、同じところに居る。失恋やそこらでは、大人の意固地な生き方は、変わらないのである。それが、幸か不幸かは別にして。

（このエッセイは文庫のための書き下ろしです）

1 いろんな人から、いろんなことを言われました

職業柄、毎日たくさんの言葉をいただいています。
私を強くしてくれた言葉、開眼させてくれた言葉、
また時には、幸せにしてくれそうな言葉がありました。
そして今、自分が発している言葉を振り返ると……。

わき汗

しょっぱなからわき汗の話なんて申し訳ないが、いまやもう避けては通れないテーマなので……。

　このエッセイを書くにあたって、編集者から何も要求されず、好きなことを好きなように好きな字数で書いてくださいと言われたが、「あの〜、わき汗についてはぜひ」と、言われた。

　四十を過ぎて、曲がりなりにもNHKのアナウンサーとして存在しているのに、一番の形容詞が〝あのわき汗の〟有働、というのがどうなのかと憂《うれ》うばかりだが、どこに行っても、言葉に窮すれば、

「いや〜、わき汗が出ちゃいます」

と言うだけで、ウケたり許してもらえたりするのだから、これはもう許容するしかない。

まあ、自分発信で言うのはよいのだが、居酒屋などで見知らぬおっさんから、
「わき汗、出ちゃってる?」
とか声をかけられると、なんで見も知らぬあなたに言われなあかんねん、と思うものの、看板となって一人歩きしてしまった以上、いまさら、わき汗へのお詫《わ》びや訂正を求めることもできない。

わき汗アナになったきっかけは、こうだった。

私が担当している「あさイチ」(NHK総合 平日八時十五分〜の生活情報番組)では、視聴者から同じ内容のファックスやメールが十通以上来たら、それがどんなご意見であれ、個人攻撃などでない場合は番組内で紹介しようと決めている。

ある日のこと。その日、私は水色のブラウスを着ていた。

いつものように番組を進行していたら、担当デスクが申し訳なさそうに持ってきたファックスの束があった。

「同じ内容が二十通以上来ています。さらに今も来続けています」

それと同時に、ドライヤーを持った衣装さんが走ってきて、スタジオでぶんぶんとドライヤーの冷風を私にあてはじめた。

もちろん脇《わき》の下に、である。

ファックスの内容は、

「きゃ〜有働さん、わき汗が！　スタッフの誰か教えてあげて！」

という母親目線のありがたいものから、

「有働さん、ホットフラッシュかも。わき汗がひどいです。気付いてますか？」

という同世代ならではの医学的アドバイスもあったが、極めつきが、

「有働さんのわき汗は、見ていられません。治療してもらえばいいのに。同じ女性として、平気でわき汗を見せているのが信じられません」

「放送人として見苦しい、同じ女性として恥ずかしい」

というものだった。

衝撃だった。

わき汗が、こんなに人々に忌《い》み嫌われているものだとは、正直知らなかった。確かに額や頬をつたう汗とは違うけれど、そんなに恥じるものとは、思ったことがなかった。

だからその時は、じゃあ一枚紹介しようかと読み上げ、

「気付かなかったんです。不快にさせてごめんなさい」

と、素直に、しかもあっけらかんと謝り、番組は終了した。

衣装さんは「すみません」と謝りに来るし、みな痛々しいものを見る目で私を見るし、えっ、そんなにおおごと⁉と、逆に不安になるほどだった。

「いやいや大丈夫。汗は一生懸命やっている証拠だしさ、私も悪くないし、誰も悪くないよね、ね？　全然気にしてないからさ」

と、その日は終わった。そこまではよかった、のだ。

が、翌日。何十通というファックスやメールが届いたのである。

「わき汗は仕方ないのに、あんな言い方でファックスを送ってくる人はひどい」

「私も悩んでいます」

「有働さん、あんな意見に負けないで」……

いや、負けたつもりもなにもないのだが。

一方で、

「見る人を不快にさせるのはマナー違反だ」

というごもっともな意見も来て、それまた、こんな数だけ来たなら紹介するかと、わき汗論争勃発《ぼっぱつ》！となってしまった。

自分がかかわっている番組ながらなんだが、「あさイチ」は、転んでもただでは起きない恐ろしい番組である。

すぐにかわいい顔したディレクターがおずおずと私の席にやってきて、

「あの～有働さん、実は、あのですね、あれだけ関心が高いということが分かったので、あれで特集しようと思ってるんですよ～。あれで。いいですかねえ、わき汗」

と、許可を取りに来た体を装《よそお》って、決定事項を報告に来た。

そして、実際に放送になったわき汗特集では、専門家が、

「わき汗は他の汗とは違って、緊張したりストレスを感じたりするときに反応する汗《かん》腺《せん》からもでるので、言ってみれば、わき汗をかきやすい人というのは、気遣いのできる優しい人だということが言えます」

と、断言してくださったおかげで、番組内では、わき汗が微妙ながらも市民権を得ることになった。

その後、日本中の女性から励ましのお手紙をもらった。わき汗で悩んでいる方からは、会社に行くのさえ苦痛になってしまうほど悩んでいたのだが、有働さんもだと知って勇気をもらったというお便りや、「これで私は治りました」的な飲み薬や、塗り薬、貼《は》り薬、下着も送っていただいた。日本語の勉強のために海外でNHKを見ているという韓国や台湾の方からも、送っていただいた。日本語を勉強するために見てくださっているのに、わき汗のことなんかで気をそらせてしまって、申しわけない。

話題になるとは恐ろしいもので、「わき汗」のはずが、伝播《でんぱ》していくうちに「わきが」となり、勘違いされた医師の方から、手術をしてはどうかとアドバイスまでいただいた。

もうここまで来たら、笑えるネタにするしかない。

福山雅治《まさはる》さんと共演した際に雑談で、いやいや、そんな勘違いをされて大変です、と話したのを、福山さんがご自身のラジオの番組で触れ、エコー付きで、

「有働アナはわきがじゃない、わき汗だ！」

と、シャウトしてくださった。

ところがどうしたことか、これによっていっそう、わきが対策の漢方薬などが送られてくるようになった。

根本的には、いろいろ、本当にありがたい話である。

おかげで、わき汗デビューから三年以上たったいまでも、夏場になると相談の手紙が必ずくる。

「最近はあまりわき汗が出ていらっしゃらないようですが、何か手術のようなことをされたのでしょうか?」

など、わき汗で悩んでいる方がほとんどで、同じ穴の狢《むじな》、いや、同じ悩みを持つ者としては、努めて返信をするのだが、あまりの数の多さに、悩みのタイプ別にフォーマットを作ってしまった。

私は、思うのである。

わき汗がこうも防ぎようがないものなら、みなに、わき汗に対する認識を改めてもらうしかない。そうすれば、誰も悩まずにすむ。

基本、人はわき汗をかくものだ、仕方ない。

そういう認識にみんなでなろうよ、と。

とはいえ、私とて対策を全くしていなかったわけではなく、〝見苦しさ軽減〟のため、いろいろ努力はした。

インナーにはわき汗パッドがしっかり貼り付けられているし、漢方薬も飲んではみた。

一番すごかった対策は、衣装さんが、

「とてもいいものをみつけました。これは絶対汗が染《し》み出ません」

と持ってきた、透明のガムテープのようなものだった。

悪い予感はしたのだが、せっかくのご好意だからと貼り付けてみたら……ぴったりべったり、完全に毛穴を塞《ふさ》いでしまうので、確かに一滴も落ちてこないのだが、はがすときにすごい汗が流れ落ち、そして無類のひきはがし痛を感じた。

それでも、私を思ってネットで注文してくれた衣装さんに悪いからと、二、三日続けたら、ガムテープかぶれで、ひじから脇、横っ腹にかけて、帯状のただれができ、しばらく長袖《ながそで》以外着られなかった。

最近はもう、

「わき汗は私の看板なんだから、いいの」

と逆切れして、対策はほぼなにもしていない。

しかし、マイナスの看板を背負うということは、得することもあることがわかった。〝わき汗の〟アナウンサーという、イタい、かわいそうな形容に耐えている感じが好感を持ってとらえられるらしく、放送でちょっとくらいクロいことを述べても、苦情がこなくなった。

それに乗じて、結構な毒を吐いている。

ワタクシも、転んでもただでは起きないのである。

スーパーマーケット

四十を過ぎて、行きづらい場所がいくつかある。

その一つが、夕方のスーパーマーケットのレジだ。

仕事やパートを終えた主婦たちが帰宅前にスーパーに駆け込み、四〜五人分の材料を、手際《てぎわ》よくささっとかごに放り込んでいく。

一刻も早く家に到着してキッチンに立たなきゃ、と殺気立った目が、レジ前に何列も並んでいる。

夕方五時過ぎは、そんな時間だ。

私の前で精算を待っているいくつものかご。

少ない人でもかごに半分、多い人だとあふれんばかりの食材が入っている。

五時過ぎて一割引きになった挽《ひ》き肉に、玉ねぎとじゃがいもを一袋ずつ。あと、カレールにバナナ。

　やっぱりカレーってすごい。おいしいだけじゃなくて、忙しい主婦たちの味方なのね。

　手もとの我がかごに目を移すと、人参は一本、キュウリも一本、レタスは半分サイズのパックに入ったもの。サラダに使う野菜は、これで充分、三日分。

　それに、消費期限じゃなく賞味期限で表示されている豆腐（賞味期限なら一週間くらい過ぎても自己責任で食べちゃえるから）、チーズにつけもの。

　言うまでもなく、酒に合うつまみばかり。

　レジを待つ列のかごの中で、断トツでスカスカだ。

　肩身が狭い。

「こんなに混んでいるのに、一人分でごめんなさい」と、申し訳ない気持ちになる。

　一生懸命生きていることに違いはない、と思う。

　今日もちゃんと仕事したし。

　なのに、夕方のスーパーのレジに並んだときに湧《わ》き上がってくるこの申し訳なさ感は、なぜなんだろう。

弱っているときなどは、かごの中身が人生の薄さのように見え、言いようのない虚《むな》しさにさえかられる。すぐにでもそこから立ち去りたくなって、支払いをすませると慌《あわ》てて買い物袋に詰め、小走りでスーパーを出る。夕方のスーパーは、四十過ぎの独り者には心がザワつく場所だ。

こんな思いをすることが面倒で、三十代までは、さくっと誰かとソトショク（外食）、を好んだ。

でも、四十も過ぎると、だんだんとウチショク（内食）が増えてきた。

そもそも、ソトショクの相手をしてくれる人間が減った。

みんな結婚しちまった。

さらに自分自身が、一日働いて仕事が終わって、その後で外で食事をする腹筋がなくなった。姿勢をキープして食事をする余力が残っていないのだ。

外で、おいしいものを豊かに楽しく食べる喜び。

家で、腹筋をリリースし、贅肉《ぜいにく》を投げ出して、一人ぼそぼそと、とりあえずあるものをお腹《なか》に入れる楽ちんさ。

どちらを取るかと言われたら、最近では後者を取ってしまう。

年の数と同じように、考えごともいろいろと増えていく。親の面倒、自分の将来（仕事の）、自分の将来（老後の）、転勤、友人の病気といった一筋縄ではいかぬことばかり。

二十代の頃のように、誰かに相談して簡単に解決したり、共感されたりするような単純な話はほとんどなくて、いくつもの案件が複雑に同居している。

こうした考えごとがあるなんて素振りをいっさい見せずに、通りいっぺんの話をしながら食事をするのも気がのらないし、かといって、がっつり相談するのも気が重い。

じゃ、一人で居酒屋か。

と思っても、デビューできないでいる。

もし混んできたら、独り身の中年女に相席を勧めるのも、と店員に気を使わせてしまう。一人でテーブルキープとなると、居酒屋でも邪魔者扱いされるのではないか、とおばちゃんなりの遠慮は多少ある。

だから、こちらとて、仕方なく夕方のスーパーのレジに並んでいるのだ。

カップ麺《めん》とか、できあいの惣菜《そうざい》なんかですませていないだけ、えらいと思う。

だが、居心地が悪い。

それって、独り者の自意識過剰でしょ、と言われたこともあるし、自分でもそうだと承知している。

でも、いつも行くスーパーのレジの列で、こんなことがあったんだもん。

雨が今にも降らんとしている夕方五時半ごろ。その日のレジは、いつも以上に混雑していた。

私はいつものように一口サイズのチーズと塩辛、豆腐、納豆、ねぎ、あとシュークリームを一つかごに入れて並び、

「お願いですから、このレジの人が手際のよい人でありますように」

と、祈りながら待っていた。

レジまであと六人、あと五人……しても意味がないカウントダウンをついしてしまう。

じっと数えながら待っていると、後ろに並んでいた小学生の女の子が、何のくった

くもない声で言った。

「おかあさん、この人のかごはさびしいね」

……。

えっと……。

あ、でも私は全然気にしない。していないから、お願い、お母さんフォローとかしないでくださいね。もっとみじめになりますから。

と、これまた祈りながら何秒かを身を固くして待った。

お母さんが言った。

「そんなかわいそうな人のかごの中とか、見てはだめ」

と。

いや、子供は「かごがさびしい」って言っただけなのに、お母さんが返す時には「かわいそうな人」に自動変換されている……。

とまどいと苦笑がこみあげたが、もちろん、振り向いてキッと目をつり上げ、「いいのよ、気にしないから」とあえて言ってみたりしない大人の対応でやりすごす。

支払いを済ませ、そのレジから一番遠いカウンターで、買い物袋に商品を詰めた。

結局、独り身の中年女の夕食って、どこでどうするのが一番居心地がいいんだろう……しみじみと考えながら帰った、雨模様の日の夕方だった。

男社会で長く生き過ぎ

って、誰に言われたと思います？

好きだった人に言われました。

今までいろんな罵詈雑言《ばりぞうごん》を受けてきて、大概の言葉には慣れて、どこからどんな矢が飛んでこようと、

「ふ〜んだ、これまであちこちで受けた傷が、かさぶたになって固くなってるから、そのぐらいの矢じゃ傷もつかないよ〜だ。へんっ」

ぐらいの気持ちでいられたのだが、不意をつかれるとはまさにこのこと。

傷つく言葉を言われた時は、相手を優位にしないために、傷ついてないふりをして、間髪をいれずになんでもいいから言葉を返す、というのが私の鉄則。

なのに、あまりの不意打ちに、言葉を返すどころか、真っ正面から受けてとまどい傷つき、どう対応していいのかわからず、でもなんとか立ち直ろうとして慌てふためくという表情の全過程を披露してしまった。

こんな自然なリアクション、最後にしたのがいつだったかも覚えていないぐらい。

好きな人に言われるとは、思わなかった。

だって、私にとったら、ごくごく当たり前の日常会話だった。

好きだった人「このモデルさん、清楚《せいそ》でいいよね」

私「でもさ、実は意外に奔放だったりするのよ〜。たぶん。いや、きっと。そういうギャップに男は弱いよね〜。昼間は純白、夜は娼婦《しょうふ》。歌にもなっているもんね。ま、分かるけどね〜。やっぱ娼婦って、ひとつの憧《あこが》れでもあるよね。うん、わかるわかる」

好きだった人「前から言おうと思ってたけど、有働さん、発言が、男社会で長く生き過ぎ」

え、ちょっとまって。これ、だめ？　だめですか？

巷《ちまた》にあふれた会話ですよね、ね、ね？

だって男社会というか、普通の社会でそういうネタにいちいち女子的な反応をしていたら、からかわれるだけだった。だから、段階的に対応策を身につけてきたんですが……。

最初は、聞かなかったふりの技。

↓聞き流す技。

↓受けて、笑ってやり過ごす技。

↓受けた以上のパンチを相手に食らわせて、そのぐらいの会話じゃびびらないぜ、と強さを誇示するヤンキー風の技。

こうした変遷《へんせん》をたどってここまで来られたのは、社会にうまく対応してきたという成長のあかしですよね。

しかも、二十代ならまだしも四十を超えた女が、ちょっとやそっとのワイ談に、「いや～ん、もうそういう話やめてぇ」とか、言えると思います？

仮に女子が同席していたら、まず女子から総すかんだもん。

かくいう私も、男女の交際に厳しい家に育ったために、男女の〝深い〟関係に疎《うと》くて、からかわれた思い出があります。

入局したてのころ、田舎町に中継に出かけました。出張の際には、自分の名札がかかっている白板に、行き先と宿泊先を書く決まりになっていました。

たとえば〈有働 朝のニュース中継 富田林市 宿・○×ホテル 電話○○〉と。で、初めての宿泊出張のとき。私は先輩ディレクターに、ホテルの名前と連絡先を聞き、教えられた通りに白板に書いて出発。無事、翌朝の中継を終えることができました。

帰局すると、別の先輩がニヤニヤしながら聞いてきました。

「有働、昨日どこに泊まったの？」

「あ、はい、ツレコミ宿ですけど」

前日、先輩ディレクターに聞いた宿名をそのまま答え、爆笑されました。

（あ、これ意味が分からない清純派のみなさん、分からなくていいです。読まなかったことにしてください。知らなくても、あなたの人生に特に支障がない言葉だと思い

ますので）

その意味を知ったときには、会社の白板にどうどうと太字で書いて出張に旅立った自分が、恥ずかしくて恥ずかしくて。

あ、思い出した。他にもありました、かわいい思い出が。

飲み会の席で、ある隠語が会話にでてきました。

なんだかイタリア語っぽい響き。イタリアの地域なんだろうな。でもどうも、先輩

そうよ、取材相手が話したことで分からないことは、恥ずかしがらずに、すぐ聞き返すように、すぐに調べるようにって習った。

「それって、どうしてイタリアが関係するんですか？」

先輩たちの頭が、私の頭以上に混乱したのは言うまでもない。

今思い返せば、かわいい話ですよ。私にもそんな時期があったと、愛《いと》おしくさえなるエピソードです。

でも当時は、新人だ、女だ、となめられたくない、早く一丁前になりたい、と背伸

びをしていた時期ですから、もう恥ずかしくて恥ずかしくて。

以来、頑張ってしまったんです。対応策を身につけようと。

とにかく下ネタ系は、恥ずかしい顔にマスキングをして、

「そんなの、知ってるわよ」

みたいな顔をして、会話に参加しました。

分からないときは、家に帰ってから調べたりして。当時はネットとかなかったから、辞書とか現代用語辞典とかで……載ってないものも多かった。

しかし、飲み会の席はやたらと付き合いがいい私は、そのうち、その分野のたいがいの話には対応できるようになってしまいました。

そしておかげさまで、飲み会でも女子としてからかわれたりすることなく、男社会で、一社会人として存在することができるようになりました。

つまり、処世術として、身を守るために健気《けなげ》な努力をした結果、なんですよ。

なのに、「発言が、男社会で長く生き過ぎ」って。

ひどい。

確かに、いまやそういう話に対応できるどころか、若い男子を前にドヤ顔で、こちらから新ネタを披露するほどになっております。

心の片隅では、いかんな、いまの時代、セクハラで訴えられるぜ。そしたら独身中年女、なにを言われるか分からんわ、ああこわい、とちょっとだけ感じてもいました。

だから、より一層刺さったのでした。

その後の話をしましょう。

彼の言葉に目が覚め、下ネタを分からないふりをするという先祖がえりの技を使ってみました。

そうしたら、「そんな有働さん、つまんない」と言われたんです。

多くの男の人に。

じゃ、どうすればいいの、おばちゃんは。

え？　どうしてほしいの⁉（怒）

と、男社会で女として生きる難しさを感じています。

一緒に住むの？

「一緒に住みたい」

と、言われたことがないわけではない。

四五年も生きているのですもの。

でも、待ちに待ったその言葉を言われた瞬間、オロオロとしてしまった自分がいた。

「え〜、いや、それはその〜、どうだろう……」

と、不安のほうがあふれた。

あー、この一人きりの、寂しすぎる孤独な空間を、何年もかけてそれなりの居場所に仕立ててきた。

ようやく、これも悪くない、覚悟を決めて一人で生きるんだ、と思えるようになっていたつもりであったが、隙《すき》があった。

やっぱりどこか寂しさを埋められなくて、ついつい恋などしてしまう。

女としての陰りへの不安もある。

もう一、二年はいいが、そのあとほんとに独りになっちゃうんじゃないか。

誰も寄りついてくれなくなるんじゃないか。

まだ女の香りがかろうじて残っているかもしれない今のうちに、獲捕《かくほ》しておくべきじゃないか。

しかし、いざ、現実として、この空間を二人でシェアしようと言われると、怖くなる。

シェアが、怖い。

ひとりだから、休みの朝から長風呂《ながぶろ》に入れる。しかも、新聞を持ちこんで。トイレなのに、料理本を並べている。

足裏マッサージ器が二台もあって、ソファに座ると、自動的にマッサージすることになる。右はふくらはぎまで対応用、左は足裏専用。

小物の飾り棚として買ったボードには、いつのまにか和洋中の酒が並び、それと向かい合って座り、盃《さかずき》にちょびちょびついでいろんなお酒をかわいがるのが、至福の時間だ。

急に友達を連れてきちゃいけなくて、
帰る時間を知らせなくちゃいけなくて、
その日のうちに食卓を片付けなくちゃいけなくて、
酔ってすっ裸で寝ちゃいけなくて。

共同生活が怖い。
別居も寂しい。

結婚が怖い。
でも、一生独身はちょっと。

本当に、スイマセン……。

いちばんの人

アナウンサーという職業柄、いろんな方に出会うでしょう、誰がいちばん印象的でしたか？　とよく聞かれる。

確かに、音楽番組を担当すれば歌手やバンドの方々と会うし、情報番組では、文化人、芸能人の方々とご一緒する。スポーツを担当すれば世界中のアスリートと話をするし、ニュース番組では、国内のみならず海外の要人にインタビューする機会も数多くいただいた。

一流と呼ばれる方々は、やはり特別な何かを持っているから、凡人は会うだけでも刺激と感動をいただく。

だから、会った方々みなさんが印象的だったわけだが、一人だけと言われれば、私のアナウンサーとしての人生のスタートに欠かせなかった、ある人のことを思う。

入局してすぐは、テレビやラジオに出てニュースを読むのではなく、まずは取材者としての足腰を鍛えよ、と言われ、取材に没頭していた。

私はバブル時代のあまちゃんのお嬢ちゃんらしく、社会の闇《やみ》に光をあてたい的な、安易で無礼な気持ちで〝恵まれない人〟たちを取材しようとあたっていた。「恵まれない」という言葉を何の躊躇《ちゅうちょ》も無く使っていた自分に、辟易《へきえき》する。取材の過程で、ある施設を紹介された。親が養育できない子供たちを善意でサポートしている施設だった。

そこで出会ったAちゃんは、当時高校生。母親は売春から覚せい剤に手を染め、彼女は小学校四年の頃から、何かわからないクスリを母親から打たれていた。泣きやまなかったり、すぐに寝つかなかったりしたときに打たれたという。その後、非行少女と呼ばれるようになったAちゃんは、売春をしていた。

周りにいる大人たちよりも年が近い私は気に入られたのか、取材したその日、その施設に泊まらせてもらうことになり、一緒に夜中までたわいもない話をしたり、彼女のこれまでの境遇を聞いたりしていた。一人っ子だったAちゃんの、なんとなくお姉さんみたいな気持ちになっていた。

翌朝、Aちゃんは勤め始めたたこ焼き屋にアルバイトに行くというので、一緒に駅に向かった。プラットホームで電車を待つ間、私はふとAちゃんに言った。

「売春はやめた方がええで」

するとAちゃんは、こういった。

「なんで?」

「なんでって、売春はあかんやろ」

「なんで?」

なんでって……私は言葉に窮した。

「だって、私、お母さんにお金送らなあかんもん。お母さんかわいそうやん。お姉さんは大学とかも出てるからええけど、私なんかアルバイトするにも施設の人が頭下げて頼み込んでやっとさせてもらえるねん。なんで売春してお金稼いだらあかんの?」

私は、答えられなかった。

そして、はっとした。

「売春はいけない」と、私は信じてきた。

けれど、なぜ売春をしてはいけないのか。いやもっといえば、売春は本当にしてはいけないことなのか?を、考えたことがなかった。

おそらくは、親がそう言ったから、なんとなくみんなそう思っているから、そんな理由で、信じきっていた。

そしてそれが正しいことだと、何の疑いもなく、他人にも同意を求めた。

自分の言葉で伝えられるジャーナリストでありたい、そんなことを簡単に口にしていたくせに、売春ひとつとっても、自分の頭をちゃんと通して考えてはいなかった。

このことだけではない。振り返れば、すべてにおいてそうやって生きて来たのではないか。

自分に唖然《あぜん》とした。

私が思っている常識は、どこまでが常識なのか。

私が使っている言葉は、どこまで本当の自分の言葉となっているのか。

しばらく言葉がうまく出てこなくなるほど怖くなった。言葉を使うとは、そういうことなのだ。人に伝えるということはそういうことなのだと、彼女は私におしえてくれた。

彼女の施設のことは、ネタとして提案しなかった。いや、できなかった。

日々の言葉は軽くなる。流れて行く。
ついつい口をついて出る言葉にたくさんの稚拙さがある。
うまく言えたな、そう思ったときに、彼女を思い出す。
なんで売春したらあかんの、と問うてくれたあの表情を。

まもるくん

扉を開けっ放しにする癖がある。

だいたいのことは、そうはだらしなくない方だと思っているのだが、なぜか扉は開けっ放しにしてしまう。いや、そうなってしまっている。

朝起きると、寝室の洋服ダンスの扉が。洗面所に行けば、鏡の扉が。キッチンに行くと、シンクもガス台もぜんぶきれいにしてあるのに、食器棚の扉だけが開いている。

自分でも、なぜ閉めないのか、まったくわからない。

この癖を知ったのは、NY赴任中、たった一週間の同棲《どうせい》生活をしていた時のことだ。相手に指摘された。

三八歳、独り身でのNY転勤。

しかも、ドメスティックな家族の中でドメスティックな教育のもと育ち、何回海外旅行に行っても、やっぱり大事なものは腹帯の中にというような私がＮＹ一人暮らし。心細さといったら、半端《はんぱ》じゃなかった。

そんなとき、アメリカに渡る前に担当していた番組の、若いディレクターが、どうも有働が元気がないと仲間うちで話が出たからといって、代表で来てくれた。番組仲間たちのビデオメッセージや、手作りのＴシャツやらのお土産を携えて。

そのときの感激と言ったら。

すぐにそのまま、生涯ついて行くわ、と告げそうになった。

しかもこのディレクター、なんと海外初体験。

にもかかわらず、観光に行くどころか、テレビの配線工事だのなんだの、たどたどしい英語で、わたしの暮らしの基礎を作るのを手伝ってくれた。

そんなことしなくていいよと一応言ってみたが、お手伝いをしに来たからいいんです、と言う。

由美子、感激。

その頼もしいディレクターが、ある日、真面目《まじめ》な顔をしてこう言った。

「有働さん、二つ注文があります。一つは、お風呂で寝ないこと。夕べものぞいたら、冷たくなったお風呂につかって寝ていました。このまま続けていると、いつか死にます。

それと、扉、いつも開けっ放しです……」

前者は時々まずいなと思ってたけど、後者は初耳。

「え？　私ってそう？　開けっ放し？

うわ〜気付かなかったわ〜、今まで」

一人暮らしが長過ぎて気付かない、よくない癖ってあるんですね。

ペットを飼うことさえ、飼う前の孤独より、亡《な》くなった後の寂しさを想像してあきらめている私が、いきなり人間との同棲。

そこで気が付いた、自分の癖と、人のあたたかさ。

何より、辛《つら》いことがあっても、家に帰ると誰かが待っていてくれる。

三八まで味わったことのなかった、初めての感覚。

「人という字は、人と人とが支え合っているんです」

そんな金八先生の言葉が、リフレインしてきそうな心強さ。

しかし、そうこうしているうちに、ディレクター帰国の日がやってきた。

あんなに心細かったことはない。

家の前でお別れの見送りをしたとき、思わず涙目で、

「本当に帰っちゃうの？」

と、人生で言うことなどないだろうと思っていた台詞《せりふ》を吐いていました。

そのあとの寂しさといったら、なかった。失恋した直後のような気分で仕事に行った。

その夜、歯を磨こうと洗面台に行ったら、扉が閉まっている。

あ、今日は扉閉めてた。えらいやん、私。

で、その扉を開けたら、なんと「まもるくん」がいたんです。

こんな吹き出しつきで。

「天然の有働由美子は僕が守る（閉めてね）」

そのディレクターが、置き土産として、まもるくんというフィギュアを扉の中に入れておいてくれたんです。

「僕が守る」

人生でずっと誰かに言ってほしかったこの台詞。不覚にも涙。

私、扉閉められる女になるからね、と固く誓いました。

ま、その後、扉を開けっ放しにする癖は直っていないのですが、帰国した今も、自宅の洗面台の扉の中に置いてあるまもるくん人形と目が合っては、「あ、ごめんごめん」と笑顔で扉を閉め、そのディレクターのことを思い出すのが日課となっています。

そのディレクターとは、もちろん今も続いています。

ええ、ええ。だって自分が一番辛いときにそばにいてくれた人です。

一生、大事にすると思います。

ま、ちなみにそのディレクター、女性なんですが。

（え〜、肩すかしと思ったあなた！　ここまで一度も、ディレクターがオトコだって言ってないですから）

有働由美子は
俺が守る!

好みの男性

好みの男性というのは、三つ子の魂百まで的なところがあって、一向に改善されない。と、思う。

私は、何に対しても生来、課題克服型で、課題が大きければ大きいほど燃えるタイプで、おかげで課題の多い男性とばかり対峙《たいじ》してきた。

だめんず話は、誰にも負けない。

失恋するまで恋は極秘にする質《たち》の私は、恋が終わった後まとめて口を開くのだが、聞いている友人たちは、悲惨すぎて面白すぎる、と泣くほど笑う。

ひとしきり嘲笑《ちょうしょう》というか爆笑というか、まあ笑い者にしたあとで、

「あなた、自分がわかってない。だからそういう合わない相手を選んじゃうのよ」

とか、

「恋なんて絶対終わりがくるんだから、幸せになる相手を選べばいいのよ」

とかいう、ピンとくるようなこないようなアドバイスを真剣な目で訴えてくる。

恋のアドバイスとは、常にありふれている上にテキトーなものだが、語る女子の目は真剣で、いつもありがたいと思う。

そのときはふむふむと聞くには聞くが、結構モテていて、攻め型だったやんちゃな友人たちが、最後の最後にはなんとも無難な相手の横でウエディングドレスを着ているのを見ては、恋より長い人生なのにそれでいいのか、と疑問を持ってはいた。

それでも子煩悩《こぼんのう》で、稼いだお金は丸ごと家に入れてくれ、妻の飲み会にも愛想よく出席し、一筋縄ではいかないおばちゃんたちの機嫌を取ったりしてくれる夫の姿を見ていると、彼女たちの言い分が正しいことは、おそらく間違いない。

友人「あなたよく浮気されるよねえ」

私「うん。浮気相手の彼女が逆上して、彼氏からどうにかしてくれって丸投げされて、その彼女をなだめすかしたこともあるよ」

友人「あんたって人は」

私「だって、しょうがないじゃん。彼は、自分じゃお手上げだっていうんだもん。

まったくワガママでどうしようもない女だって、アイツも嘆いていたわ」

友人「で、その後、彼はどっち選んだの?」

私「先方様」

一同憤怒《ふんぬ》。もちろん、私に対して。

しかし、そこには私なりのいいわけがある。

それは私のプライドなのだ。

浮気されたからって逆上して、キレたりするのは、プライドが許さない。どれだけ悔しくて悲しくても、取り乱しているのを相手に悟られたくない。

あとで、取り乱した私をネタに、彼女と彼に憐憫《れんびん》の情をかけられたり嘲笑されたりするほうが、私にはあり得ない。だったら、かっこよくさらりと退きたい。そんな言い分を述べると、

「あんたは一生だめんずに利用されるわ」

と、あきれ顔で言われる。

友人に言わせると、私がしているのは、独りよがりの恋愛だそうだ。

相手との共存を考えたら、もっと相手に求めるはず。それが愛を育てるということ

だと。

私の場合は、相手の難点を課題と設定して、どう克服し、自分が達成感を得られるかを楽しんでいるだけだと。


いや、そうでもないんだけど。

でも傍《はた》から見てそう見えるなら、それはそれで真実かもしれない。

しかし、結婚していたら別だけど、何の保証も契約もないんだから、独りよがりでも仕方がないじゃないか。

「心と心の信頼だけでつながっているから。それが尊いことなの」

と言い返すと、

「でも、その心と心の信頼、簡単に断ち切られてんじゃん」。


女性の友人というのは恐ろしい。

切られる、だけでいいのに、こんなときにも、断ち切る、とかいう単語を使う。

それでもワタシの、好みの男性は変わらない。

2
一生懸命生きてきました。ええ、仕事に

自分で言うのもナンですが、真面目《まじめ》に働いてきました。でも、不器用だったから結果そうなってしまっただけで、仕事とともに、普通に〝人生のイベント〟も経験していくだろうと思っていたんです。

結婚式司会の最大の懸案

今まで、何件ぐらい結婚式の司会をしたか。

正確な数は定かではないが、軽く二百件は超えていると思う。

仕事柄頼まれるし、頼まれたら断れない性格が災いして、一日に二つ掛け持ちでやっちまったこともある。

苦痛だ。

あ、人の幸せをみることが、ではありません。さすがのクロウドウでも。

緊張が、苦痛なんです。

結婚式は一生に一度（過半数の方の場合）だと思うと、ここで失敗してはいけない、粗《そ》相《そう》なく、しかも最高の出来で終えねば取り返しがつかないことになる、と本人たち以上に慎重になる。

あと、たまにあるのだけど、新郎新婦が結婚式をめぐって意見が折り合わなくなって仲違《なかたが》いをしたり、両家の間になんとなく不穏な空気が漂っていたりするのを感じると、ずぅえったい良い結婚式にして、すべて収めてあげようホトトギス、と使命感が沸々とわき、全身全霊で取り組んでしまう。

だから、疲労がハナハダしい。

引き受けたとなると、まず新郎新婦と両家のご家族と食事会を開かせてもらい、人物相関図と力関係を探り、さらに、宴中に盛り込むさまざまなネタを収集する。

そして、新郎新婦には、六枚にもなる自作のアンケート用紙を用意し、〈互いを意識したのはいつですか？／最初のデートは？／ファーストキスはいつどこで？（答えたくなかったら答えなくていいです）／相手の好きなところ、嫌いなところ、直してほしいところは？〉など、ほとんど私の個人的な興味ではないかと思われるような、数々の質問にお答えいただく。それを読み込んだ後、再度面接の機会を設けて追加取材をさせていただく。

そこから、アンケート結果や取材をもとに台本を再構成し練り上げ、頭の中でシミュレーションを重ね、当日は、リハーサルから立ち会う。

こうして書いているだけで、自分でも呆《あき》れちゃうほど、時間と手間をかける。で、疲労困憊《こんぱい》となる。

しかも、結婚式とか披露宴って、結構決まり文句が多いので、ミスが目立ってしまうのだ。

新婦から親へのお手紙では、ついついもらい泣きしちゃって、そのあとの「花束贈呈」が、滑舌が甘くなって、

「あなたは童貞」

っぽく聞こえてしまったり。

「お開き口にご注目ください」

と言うべきところを、「お勝手口に〜」って言ったり。うちはマンションだから勝手口なんかないのに、なんであいうときは言っちゃうんだろう。

ああ、そういうので言うと、第一声の、

「新郎新婦ご入場です。どうぞ盛大な拍手でお迎えください！」を、

「どうじょ、盛大なはくちゅで、おみゃーくださぃ」

……一度かむと、止めどもなく崩れ落ちるのが言葉だ。

主賓のすんごい偉い人の挨拶《あいさつ》の後、

「遠方からはるばるとありがとうございました」

って言うはずだったのが、

「長々とありがとうございました」

と、ブラックな突っ込みのような受けをしてしまったこともある。

あんな場で、正直な感想が口をついて出る、正直者の自分が怖い。

でも、ミスをするのは司会者だけではない。出席者もミスを犯しがちなんです、披露宴って。

主賓の方が、十分ほどのスピーチを、新婦の名前を間違ったまま貫き通してしまったことがあった。

私も、今なら途中でさりげなくお伝えすることができると思うが、まだ結婚式司会の経験が浅かった頃で、まさか主賓のスピーチに水を差すなんて、と突っ込めなかった。

あのときは私、相当のわき汗が出ていたと思う。

ま、主賓に赤っ恥をかかせるよりは、「アキコ」が「シホ」になってもよいというものだ。せめて、もう少し近い名前で間違ってほしかったけど。

私は強硬に反対したのに、来賓たっての希望ということで、カラオケ三連発というのもあった。

しかも選曲が、鳥羽一郎《とばいちろう》『兄弟船』、吉幾三《よしいくぞう》『雪國《ゆきぐに》』、森昌子《まさこ》『越冬つばめ』……。

理解できませんでした。もちろん全《すべ》て名曲ではあるけれども、結婚のお祝いの歌としてそれを選曲し朗々と歌い上げた来賓のお考えも、歌わせることを許可した新郎新婦の大きすぎる度量も、この企画に反対しなかったホテルのウエディング担当者の営業至上主義も。

司会台で、意識が遠のいていったのを覚えています。

案の定、その三曲は誰にも聞いてもらえずにみんなワイワイ話しだし、イタいカラオケボックスの体だった……今でも思い出すのが恐《こわ》い。

そうそう、新婦の元恋人が上司だったために主賓の挨拶を頼まざるを得なかったという、非常事態にも立ち会いました。

　事前に新婦から、

「あの人が変なこと言わないように、気をつけていてください」

　と言われ。

　ええっ⁉　それ、私？　気をつけるの、私？　どうやって⁉

　ていうか、「お前をまだ愛してる‼」とか叫びだしたり、映画の『卒業』みたいに新婦を奪っていったり、なんてことになったら、私どう対処すればいいの⁉

　司会者にお願いしてもよい範囲を超えた新婦からの注文に、上司の挨拶の間、ずっと心臓がバクバクしていた。

　気にし始めるとすべて気になるもので、

「新婦は本当にかわいい部下で」とか、「仕事以外も大変有能で」とか、普通の挨拶すべてNGワードに置き換えられて私の頭には入ってきていました。

　こうして苦労しながらなんとか無事に司会を終えても、仕事と違って、上司が評価してくれるわけでもなければ、視聴者から苦情が寄せられるわけでもない。

　まあよかった、ってことになります。

でも、準備の量からして、そんなきれいな終わり方をするのが解《げ》せなくて、一人反省会をしてしまう。

最初の新郎新婦入場から、頭の中でもう一回……。

で、うまくいかなかったところの原因を分析したりして、きちんと落ち込む。

なんで私、他人の結婚式でこんなに神経をすり減らしているんだろう。仕事でもないのに。

そんな自分に、またどっと疲れてしまう。

それでもついつい引き受けてしまうのは、結婚式が大好きだから、です。

本当です。

新郎新婦、両家はもちろん、そこにいる人全員が、ただただ人の幸せを願うという目的のために、同じ時間に並んで食事をする。

そんな、良心の固まりで成立する清いハッピーな集まり、日常ではそうそうないですもん（ま、一部には、Ｓｕｇａｒの『ウエディング・ベル』という曲さながらの気持ちで、「あなたと腕を組んで祭壇に上がる夢を見ていた私を、なぜなの、教会のいちばん後ろの席に」「くたばっちまえアーメン」など、怨念《おんねん》含みで参列される方もいるかもしれませんが)。

新婦から親へのお手紙を読むときなんて、お手紙を広げる紙の音がマイクで響いただけで、パブロフの犬的に涙が出ちゃいます。

手紙を読んだ後、新郎新婦がご両親のところに歩んでいくときには、

「○年○月○日に、父○○さん、母○○さんから生を享《う》け、これまで○○年慈《いつく》しみ育てられてきた新郎、新婦〜」

というコメントを言うことにしているのですが、言いきる前に声が詰まります。

最近じゃあ、新郎新婦よりご両親に年齢が近くなってきたから。花束贈呈で、ご両親がハンカチで目元を押さえようものなら、たまらなくなって、司会台の下にしゃがみ込んでちーんと鼻をかむほど。

こんな気持ちにさせてくれるの、映画やドラマ以外、実生活では結婚式くらいしかなくなってきています。

なので、ついつい引き受けちゃうんですよね。

それにしても、結婚式の司会をこんなに一生懸命やっちゃうと、自分の結婚式はほ

かの誰にも任せられません。ウエディングドレスや打ち掛けにピンマイクをつけてでも自分で司会したい、と本気で思っています。「美しい花嫁に盛大な拍手を」と言いながら登場……。

そんな花嫁を受け入れてくれる度量の広いオトコがいるかどうか、ということが、結婚式にまつわるワタクシの最大の懸案。

不要品

これは、私が社会人になってから二十年以上愛用している食器たち。どれも使いやすく、和にも洋にも使っている。

デパ地下でお惣菜《そうざい》を買ってきても、この器たちに盛ってしまえば、温かみのある家庭料理っぽくなって、自分で作った気にさえなってくる。

この二十年、引っ越しも何度かした。アメリカ赴任もあったが、いつも持って行った。

それほど、使いやすく丈夫な子たちだ。

ただ、この器たち、いずれも二枚か三枚しか揃《そろ》っていない。

いくら私が雑な女だとはいえ、そんなに景気よく割ったりはしない。最初からその数だったのだ。理由は、こうである。


働き始めた頃、経済的にかつかつだった。

東京で家賃を払って、職業柄、洋服も買い足さざるを得ない機会も多いときたら、食器にお金をかけるなんて発想さえなかった。実家から持って来た、色気のない中途半端《はんぱ》な大皿をなんにでも使っていた。

そんなある日、先輩の自宅に招かれた。

荷物が入るバッグをもってこい、という。引っ越しをすることになったから、不要品がたくさんある。気に入ったものがあれば、なんでも持って行っていい、というのだ。

かつかつの私は、二つ返事で伺った。

しゃれた賃貸マンションの一階の部屋は、引っ越し前でがらんとしていたが、戸棚を開けると、高級そうな器やコップがきれいに並んでいる。世の中には、結構な品物を赤の他人に無料であげてもいいという変わった人もいるものだ、と感心しながら物色した。

「こんないいモノ本当にいいんですか？　あとで返せとかいいませんか？」

と何度も確認しながら、でも好きなだけというので、絶対にこの先二十年は買えないような銅製の鍋《なべ》や、高価そうな器をせっせと詰めていった。

詰め始めて、奇妙なことに気が付いた。

どれもこれも、二枚か三枚しかないのだ。割っちゃったのかな。でも、五枚そろったセットが一つもないなんて、おかしい。

「先輩、ぜんぶ二枚か三枚ですね」と尋ねたら、一瞬しんとしてしまった。

なぜ先輩が言葉に詰まったのか分からなかったが、変な質問をしたせいで、やっぱりあげないことにする、なんて言われたら大変だ。止まった時間をなかったことにして、詰め込み作業を再開した。

先輩は黙ったままだ。

相当な品物を詰め込み、ほんとうにこんなにいいものをたくさん申し訳ないです、と持ち逃げ前の挨拶をしたら、

「いいんだ。離婚したから、財産分与で全部半分になっちゃったんだ。だから二枚とか三枚とか、中途半端な数なんだよね。縁起が悪いから、全部持って行ってほしい」

と言われた。

なるほど……。

でも、高価な器をいかに我がものにするかに全神経を集中させていた私は、とにかくお礼を言って、器や鍋をひきずりながら自分のマンションに持ち帰った。

いや～、やっぱり良い器は違うわ。

七畳一間ワンルームの我が家が、初めて、東京女子一人暮らしの小さな華やかさを持った。

ところが、である。

最初がそれだったからか、我が家の器は、ことごとく頂きものになってしまった。

私が結婚適齢期の頃、披露宴の引き出物はお皿であることが多かった。しかも、なぜかファッションブランドが出した食器が流行していた。

当時は、その白さや金の縁取りに高級感を感じてありがたく思ったものだが、時が経《た》つと、統一感がなくバラバラなので使いづらい。

もう二十年も使ったし、お皿も許してくれるだろうと断捨離を決心するのだが、最後の最後で、貧乏性がにょきっと出てきて、棚に戻してしまう。

誰かにあげればと思うが、その引き出物をくれた夫婦が離婚調停したりしていると、最初に器をくれた先輩の、「縁起が悪いから……」の言葉を思い出して、気の小さな私は、気が引けてしまう。

そんな我が家のバラバラの食器棚を見た友人たちが、これまた、いろいろ半端になったものをくれる。

こうして結局、頂きものや、譲り受けたものに囲まれている。

先日、古い友人が、

「ウドウ、この食器愛用してるねえ。いいよね、これ」

と、褒めてくれた。

「うん。それね、先輩が離婚直後に縁起悪いからってくれたの。いい品なんだよ」

「あんたっ！　だから結婚できないんじゃないの？　お皿の怨念だよ。絶対、その離婚した相手とやらの怨念がついてるんだよ」

と、言いやがる。

なるほど、そういうこともあるのか。

この皿の怨念のせいで、私は結婚できなかったのか。

いよいよ、捨てるべきか？

しかし、私はもうその皿を二十年も持ち続けているのだ。怨念も、時効ではないだろうか。

それに、その後わが家にやってきた、友人の前の夫が愛用していた備前焼の壺《つぼ》とか、のちに離婚した友人が新婚旅行で行った南の島で買ってきた細工物の宝石入れとか、もう、どれがどの怨念か、わからなくなっている。

まあいっか、モノには罪は無いはずだ、と今も怨念のこもった不要品に囲まれて暮らしております。

独居中年の高熱

独居中年の高熱って、悲惨だ。

熱が出て、寒気に耐えられず、洋服どころかコートを着たまま布団《ふとん》に倒れこむ。

熱が下がらず、一歩も動けない。

というシーンは、これまでの人生にもあった気がする。

二十代のときには、お見舞いを普通に受け入れられた。

ありがたいなあ。お手数おかけして申し訳ないけど、体温計で熱が三八度も出てるもの。今回は甘えてしまおう。

でも、四三の高熱は違った。

やばいなこれ、寒くて動けないもん。三八度は超えてるな。

でも、このあいだ決行した断捨離で、

「体温計って一人暮らしに必要ないよな。熱が高くっても低くっても一人で乗り越えなきゃいけないことには変わりないから、熱が何度か分からない方が気が楽だよな」

と、捨てちゃったんだ。計ろうにも計れない。

それに、こんな不安までが、もうろうとした頭をよぎる。

もしもこのまま動けなくなったら、きっと何日かして誰かに発見されるパターンだ。んでもって、「え～、四十も過ぎて独身貴族を謳歌《おうか》しているのかと思ったら、意外に質素な生活だったんだな、ウドウ。かわいそうに」とか思われちゃう。

かわいそうだけは嫌だ。

かわいそうだけは避けたい。

四十過ぎて、一人暮らしかわいそう、は絶対思われたくない。

こんな妙なプライドが、意識が遠のくたびに、よぎる。

どうでもいいことも考えた。

「仮にお世話になったら、お返しは『快気祝い』として、やっぱり二、三千円のものを渡さないといけないのかな。めんどくさいな」

こんな、非常にさまつなことも、条件反射的に計算してしまう。

この期《ご》に及んで、みみっちい独居中年のしきたり好きというか、意地というかが顔を出す。


それでも寒気がひどくなり、どんどん弱気になってきて、携帯に来る「大丈夫？お水でもごはんでも持っていくよ」という涙ちょちょ切れの温かメールに、甘えてみようかな〜と一瞬思った。

が、姿見に映った自分の姿に、その思いを断ち切る。

四十過ぎると、病むと、かわいいんでもなく、憐《あわ》れでもなく、汚いんだな……。

一人で乗り越えなくてはいけない……。

と、悟ってからの回復は早かった。

熱で倒れてから二日後、なんとか床を這《は》って牛乳瓶に水を汲《く》み、寝床近くまで持っていった。

賞味期限の切れたレトルトパックのスープを、あたためずに食べた。

白菜も生でかじった。

その食べた残骸《ざんがい》が寝床の近くに転がっていて、正気を取り戻した時には、ごみ屋敷を軽蔑《けいべつ》する気が一切失《う》せた、くらいでした。

で、おかげさまで、すっかりよくなり、仕事に戻りました。

年老いて素直に人を頼れなくなった弱さを知り、だったら日ごろから健康管理しなくちゃという反省と、またひとつ一人で乗り越えてしまった、という自負がプラスされました。

情けないある日

エレベーターホールの前。

紙袋は、某スーパーの二枚重ね。

中には、ファイルにもとじられずにばらばらと入った資料と（どうせ読めればいいから）、いただいた地方産の地ビール。

お土産をくれる人もわかっている。

一人暮らしには、違う種類を二本。


紙袋が、やぶれかけている。

ああ、この前、雨の日にも使ったやつだ。

私、どのくらいの割合で、スーパーの紙袋を使ってるんだろう。

まあ、どうでもいい。

どーせ誰が見ているわけでもない。

帰宅するのは、自前のマンションだけど、部屋は散らかっている。

しかたがない、水曜日までは重要な仕事が山積みだから。

それが終わったら、片付ける予定だし。

どーせ、誰に見せるわけでもない。

仮に誰かが来たとしても、これは私のマンションだ。

ローンは私が払っている。


パソコンや、書類や、読まなきゃいけない本や、ハンドバッグや、筆記用具が散らかる食卓に小さなスペースをあけて、チンした、お土産の油揚げを置く。

あわてて食べて、唇にあたる。

油揚げだから、熱い。


あ～こりゃ、明日、唇、腫《は》れるかも。

まあ、もういいわ。どうせ化粧でごまかせるわ。

昼より、目の横のシミのほうがイタいし。
焼酎《しょうちゅう》が底をついた。
買いに行く暇もない。
いや、毎日飲むから早く減っているだけだ。
でも、酒が無ければとっくに仕事やめていたか、やめさせられていた。
酒で、いろんなこと忘れたフリをしてきたおかげで、今、自分がいる。

油揚げだけでは足りない。
もうあと一時間で寝ないと。
でも、お腹《なか》すいた。

今日一日、すごくがんばった。
誰も褒めてもくれないし、誰かを養うために働いているわけでもない。
自分のためでしょ。グチるなんて贅沢《ぜいたく》よ、と世間の大半の人から言われる。
だから、自分しか自分を褒められない。

しかも、たまの褒め殺しなんかにあわないくらいの知恵は持ってしまっている。ウブな、いや、バカな二十代のころみたいに、人の褒め言葉を全部信じられたら、どんなに幸せか。

そうめんゆでちゃった。寝る前だけど、一束だからいいか。

あ、お風呂《ふろ》はいらないと。早く寝ないと。

あの大仕事

ある日、こっそりと上司に呼ばれた。

「明日の午後四時、体を空けておいてくれ。他言無用」

またなんか、やっちまったっけ？

即座に、ここしばらくの自分の素行の記憶をたぐり寄せる。あの失言か、この発言か。

しかも、他言無用で、すぐに叱責《しっせき》、ではないところが、重い。重すぎる。

サラリーマンの嗅覚《きゅうかく》で、これが通常のお咎《とが》めではないことを察知する。

このまえの飲み会で、上司や部署への愚痴をぶちまけていた、あれを誰かが盗み聞きしてやがったか？

翌日までは生きている心地がしなかった。

指定された局内の個室にいくと、何人かの偉い人たちがいた。

「今年の紅白歌合戦の司会をしていただきます」

まずは喜びより先に、お咎めでなかった☆

がしかし、ええ⁉ 私が紅白の司会⁉⁉と、コントのようなリアクションになる。

コントはコントだと思って見ていたが、こういうシチュエーションの場合、あれはリアルな反応なんだと、学んだ。

「記者会見は明後日。それまでは親兄弟含め、絶対に他言無用」

大役を仰《おお》せつかった嬉《うれ》しさと、その大役を果たせるのかという不安で、せめて母親に話さないと気が狂いそうだったが、他言して漏れたら役を解かれるとまで釘《くぎ》をさされている〝他言無用〟なので、言えない。親しい人と連絡を絶った。

記者会見、宣伝用の写真撮影、中学校以来やったことのないガッツポーズや、怖いくらいの作り笑顔での写真。

真っ赤なジャケットを着て、あれよあれよと連れまわされ、翌日には新聞各紙に掲載される、ど〜んと大きな発表になった。

それまでにも、それ相応の仕事はしてきたつもりだった。

「おはよう日本」、「サンデースポーツ」、五輪のキャスター。

しかし、それらと比較にならないほど、紅白の司会を担当するということのインパクトはすごかった。

親戚《しんせき》中からおめでとうの連絡が入り、全国の視聴者の方々から、お花や手紙での激励が届く。

局内で会う人会う人に、おめでとうと言われるし、大変だねと励まされる。そんなに大層なことだったのかとようやく気付いたとき、プレッシャーが半端じゃなく襲いかかってきた。

二〇〇一年、二一世紀最初の年が、私が初めて紅白の司会を担当した年だ。四五年ぶりに、総合司会から紅組《あかぐみ》白組の司会まですべてNHKのアナウンサーだけの布陣で臨むという。

そして、NHKのアナウンサーなのだから、いわゆるカンニングペーパーは無しで、すべて暗記で行こうという、恐るべき展開となった。

敵は四時間半の番組である。すべて暗記って……。

五十組以上の出場歌手のお名前と曲、応援で出演される方々のお名前や肩書き、伴奏者名や曲紹介……厚さ三・五センチ、前半後半二冊に渡る台本を覚えるって？？？台本の重さがそのまま圧力となり、肩にのしかかる。

眠れない。

頭から離れない。

ときどき体が震える。武者震いだと言い聞かせるが、じとっとした全身の汗を感じる。

仮に、仮に、出場歌手の名前でも間違えたら……。そう思うだけで、体が冷えていく。アナウンサーとして一生の汚点となる。

大晦日《おおみそか》が近づいてくるにつれ、失敗する自分の姿ばかりが頭に浮かぶ。

歌手名がどうしても出てこなくて観客席から野次が飛んできて番組を混乱させてしまったとか、本番間際《まぎわ》に紅組ではなく白組の紹介をすることになったとか、あり得ない悲劇の夢を見つづけた。

夢の中でも、心臓がばくばくして飛び起きた。

紅白の司会に決まったとてそこから入念な準備ができるわけではなく、台本を見せてもらえるのが、十二月二五日。

しかもその日は読み合わせだけで、終わると、台本は情報管理のために取り上げられる。実際に手にできるのは二七日。本番まで残り三日だ。

台本を覚えるのにたった三日しか無いなんて。何の拷問《ごうもん》だ。気ばかりが焦《あせ》る。

一緒に担当していた阿部《あべ》渉《わたる》アナウンサーは、緊張しすぎて酔わないと眠れないとつぶやいていた。

何度かご一緒して、二人で、大丈夫だよね大丈夫だよね、となぐさめあいながら、現実から逃避した。

そうこうしているうちに、二九日の顔合わせ。出場歌手の方全員と面接をし、どんなふうに曲を紹介するのかなど、数分ずつ話をする。

それまで歌番組に縁の無かった私は、大御所の演歌歌手の方々にどのような言葉遣いや態度で接すればいいか分からず、もごもごとした。

もしくは思い切って聞いた質問が、的を射ていなくてシーンとなったりもした。

喜劇と悲劇が繰り返され、プレッシャーが幾層にも積み重なる。

そしてあっという間の三十日、前日リハーサル。

アナウンサーは当然、台本が頭に入っていることが前提で進んでいく。こんな緊張感、人生で味わうとは思わなかった。

しかも、リハーサルを終えてからも、尺を調整するために台本を全面的に変えます、という容赦ないお達し。

その日は、日付が変わるまでコメント直しを制作陣とともにした。

本番当日は、五時起き、六時入り。

三一日も、朝から本番開始ぎりぎりまでリハーサルが行われ、まだ直しが入る。

いやもう勘弁して。

もう覚えたから、全部一言一句あたまに記憶しちゃったから、無理です、微調整さえも。という訴えもむなしく、新しい原稿が走り書きで手渡される。

緊張感と寝不足で、わけが分からない状態になっている頭に刻む。

ぎりぎりまで集中したいが、出場歌手の方やそのマネージャーさんなどがご挨拶に来てくださったり。ご挨拶がえしに行ったり……。

放送開始直前、七時二八分頃には、地に足がつかないというか、どんなに落ちつこうと思っても、心がふわふわと体を離れようとするような、まるで実感のない感じのまま、七時三十分、本番がスタートした。

本番のことは、しっかりとは覚えていない。

時間が押して（予定より伸びて）、コメントをとっさに短くしなくてはいけなかったり（紅白は一秒単位で尺の調整が行われているため、三秒押しただけで、「紅組のバカヤロウ」とか「このへたくそ」「ちくしょうこっちが尺調整かよ」という言葉が遠慮もなく飛び交うが、放送上は出演者の大人の対応で、何事もないかのように平和に進んでいる、ように見えている）。

時間が押すのとは逆にセットの転換が間に合わなくて、「それでは歌っていただき……」まで言ったのに、間に合ってないからつないで！というサインがきて、「歌っていただき、たいと思った前に、あれですね」とか妙な日本語で話をつなげてみたり。もう、どうにでもなれという感じだった。

『蛍の光』を歌って放送が終わった後も、出場歌手の皆さんに退場してもらう案内や、NHKホールの観客の皆さんへの呼びかけなどを終えて、幕が下りて、ようやく終了。

その瞬間、担当者と抱き合って泣いてしまった。緊張感からやっと、やっと解放された。

こんな大晦日って。こんな一年の締めの日って……。

でも、すべて終わって良かった。

ところが、それで終わりではなかった。

年越しと同時に、楽屋で「明けましておめでとうございます」と出場者や事務所の方々と挨拶をし、NHKの一階食堂、通称「イッショク」での出場者全員の打ち上げに向かう。

もちろん、我々は盛り上げ役だから、干支《えと》の着ぐるみも着れば、両手にビールで注ぎ回る。出場者をお送りした後、制作担当者たちと労をねぎらい合い、乾杯。ここで本当に勤務完了。

で、ようやく解放かと思ったら、な、な、な、なんとスタッフと連れだってカラオケボックスに行き、一曲目からさっき終わったばかりの紅白全曲を入れて司会者が曲紹介をしていく、「紅白やり直し」がはじまった。

いまだに忘れられない「二〇〇一年二一世紀最初の紅白トップバッターは、紅組松浦亜弥《あや》さんで、『LOVE涙色』!」というフレーズ。

リハーサルも入れると、通しで三回目の紅白歌合戦。

もう何がなんだか分からないまま、元旦《がんたん》を迎えた。

あのけだるい元旦の朝陽を忘れない。

おつかれさまでしたぁ、と別れた後の心地よい達成感と疲労感。

いまや、いい思い出である。あれは祭りだったのだろう。普段の自分では決して出せない集中力と体力、そしてそれを後押しする高揚感。

そういえば、本番中こんなことがあった。

司会者は舞台のそばを離れることができないので、舞台の通路に、布をカーテンにした、二人ほどしか入れないスペースで衣装の早替えをしていた。三分で着物から洋服に衣装替え!ともなると、衣装さんもメイクさんも鬼の形相で、私の髪や肉を引っ張りあげることになる。

そんな着替え中に、谷村新司さんがあの温かいひょうひょうとした声で「うどちゃんがんばってね」と布をめくって覗《のぞ》いていかれた。

あのときは着替えることに集中していて「ありがとうございます」と普通に返したが、ふと我に返ると、Tバックの下着以外、一糸纏《まと》わぬ姿だった。

それもこれも、よい思い出である。けれど、やっぱりあえて言うなら、紅白はやるものではなく、見るものである。あれで五歳は老《ふ》けたもの……。

ＮＹなんて、英語なんて

死ぬ間際に一生を振り返って、あんな大変なことはもう出来ない、と思う時期がいくつあるのかまだまだわからないが、四五年生きてきた今でいうと、ＮＹで過ごした三年間だと思う。

〈アメリカ総局特派員・ＮＹ勤務〉

〝ああ素敵な響き〟と悦に入っていたのは日本を離れるまでで、実際に現地で勤務が始まってからのことは、まるで自分が生きた人生ではなかったかのように、はるか記憶の遠くに、いやあまりにも濃すぎて脳裏のさらに奥に沈殿させている。

小学校四年生頃から、チェーン展開している某有名英会話教室に通っていて、地元では「英語が話せる子」とプチ賞賛を浴びていたが、教室の先生は日本人、かつ海外留学などしたことのない先生だったので、発音が微妙だった。

今でも覚えているのは、ａｐｐｌｅを「リンゴの実はプルンとしているから『あ！プル！』と覚えましょう」と教えられたこと……。

それが正しくは「アポー」と発音するのだということに気付いたのは、それから十年近くたってからだった。

そもそも、リンゴの実は固いからプルンとしていないんじゃないかという疑問からして、その先生は、一つの単語で微妙な間違いを二つも教えたことになる。

中学校で初めて習った英語の先生も、Ｊａｎｕａｒｙ（一月）のことを、「一月になって蛇（ジャ）がにゅっと出て、びっくりして『あり〜！』と叫ぶから、じゃニュありぃー↑」と教えてくださった。

蛇が出てくるのは春じゃないか、という事実も含めて、混乱した生徒が沢山いたに違いない。

百歩譲って、英語なるものに初めて触れる生徒にとっては覚えやすい手法であったのかもしれないが、今でも私の中では、「一月」というと常にｓｎａｋｅが頭に浮かび、いやいや、蛇が出てくるのは春以降だから、という自分突っ込みをしてしまう闇《やみ》の三秒がある。

がしかし、両親ともにドメスティックな田舎の子どもにありがちな、英語というか、海の向こうへのあこがれで、英語だけは比較的一生懸命勉強していた。東京に出たら、田舎モンとして負けそうだけど、海外ならハンディなくやれそうな気がする……。

毎年四月には、今年こそはとＮＨＫラジオ英会話の本を買いそろえたし、大学生まで某有名英会話教室には通い続けた。

高校時代も、外国人の交換留学生が来ると進んで友達になり、相手は日本語を覚えたくて喋《しゃべ》りたくてしょうがないのに、英語で話しかけ、英語で答えて、とせがんだ。

そんなこんなで、人様よりは多少英語に親しんでいるというプチ誇りがあり、夢は、海外をまたにかけて仕事をすること、外国人と結婚すること、などとハリウッド映画を見ながら、真剣に将来像を描いていた。

が、そのうち帰国子女なる太刀打ちできない、恵まれた環境の子供に接すると、本場では某英会話教室とは違う英語を喋るらしいこと、自分が習った単語の発音が「あ！　プル！」でも「じゃニュありぃー♪」でもないことを知った。

これまで毎週二回も英会話に通っていた自分の努力と、お家《うち》がグローバルだったが故《ゆえ》に本場の英語をなんなく話せるようになった人たちとの家庭環境の不平等に悲哀を感じ、一度くらいは親に、なんでうちは外交官じゃないのか、商社マンじゃないのか、とひどいことを言った記憶もあるが、現実は現実で、蛇がにゅっと出てくる国に生まれてしまったのだからと、気持ちの区切りを付け、日本語を大切にする職業を選んだ。

ただ、それでも、いくつかいただいたテレビ局の内定のうち、海外に放送局がたくさんあるNHKを選んだのは、完全に夢を捨て切ってはいなかったからだった。

だから、毎年書く考課表の「今後の業務展開の希望」の欄にある、「英語がどの程度理解できるか」と問われるところでは、真実の「簡単な業務打ち合わせができる」ではなくて、「こみいった業務打ち合わせができる」に○をしていた。

はっきり言って、ハッタリだ。

でも、アナウンサーには帰国子女も山ほどいるし、私なんかが海外赴任なんて行けるわけないから、書くだけ書いとこう。

しかも、どうせ行けないのだから、ちょっとくらい盛っとこう、と思ったのも事実だ。さらに上の「母国語と同程度〜」に○をしなかったのは、誠意というものだ。

そのため、いざ海外赴任が決まったときには、非常に困った。

だって「アポー」＝「ａｐｐｌｅ」だと聞こえないのだもの。

リンゴ一つ分からないのに、難しい政治経済のニュースが聴けるわけがない。

それが、かの地で、かの地の言葉でニュースを取材し原稿を書き、リポートするのだ。

わき汗どころじゃなく、全身の血の気が引いた。

いまさら、考課表に盛りまくって記していたことを告白もできなかった。

そんな状態から、「こみいった業務打ち合わせができる」という盛った状態に持っていくまで、どれだけの冷や汗と、恥と、睡眠時間の減少を招いたか。

まず、赴任までの一ヶ月、死ぬほど英会話教室の授業を受けた。即席のそれは気ばかりが焦り、全然役に立たなかった。

睡眠学習もしたが、疲れきってしまっていたからか、私の場合はひとつも頭に残っていなかった。

ＮＹに行ってからは、日本人の友達を作らないと決めて、昼夜英語漬けの状態にした。アメリカ人の友達と食事に行って、そのままテーブルで眠りこけてしまったことも、何度かあった。

母国語でない言葉で生活をすることが、これほど疲れるものかと知った。

それでもアメリカ人の友達には、「今のもう一回言って」「この言葉はどういうシチュエーションで使うの？」「じゃ、これとはどう違うの？」と聞きまくりすぎて、うざったいと思われたのだろう、去っていく友もいた。

一緒に組んで仕事をしたのが、NY在住のアメリカ人女性だった。

日本に一年間住んでいたので日本語を喋ると聞いていたが、私と同じ類《たぐい》の人間で、かなり盛っていた。

「オイシイ」とか「ダイスキ」とかは言えたが、業務打ち合わせは、もちろんできなかった。だから、ほぼ一〇〇％英語。

自分のアシスタントをしてもらうのに、そのアシスタントが言っていることが分からない。こんな悲劇、人生でそうそう直面すまい。

素直に、「もう一度言って」とか、「意味が分からないのでもう少し平易な英語でゆっくり話してください」と頼めばすむことだったのに、人というのは自信がなければないほど、余裕がなければないほど、なめられてはいけないと意固地になるものだ。

頼んでいたリサーチの報告を聴きながら、分かったふうな相づちを打ち、理解したふりをしていた。

その穴埋めは、夜中にやった。

オフィスの人たちがおおむね帰ったところで、こっそりテーブルの下に隠しておいたボイスレコーダーを取り出し、録音しておいた自分たちの会話を再生し、聞いていた。

何時間もの録音を再生しては、分からないところは巻き戻しをして、「あ〜、こういうことを言っていたのか」とやっと納得し、そこから翌日に出す指示を電子辞書を引き引き書き出し、帰宅するのは三時、四時という毎日だった。

そして、今ふり返るとどうしてそこまでと思うが、意固地になっているときはとことん格好を付けたくなるのか、アパートの隣人のニューヨーカーに倣《なら》って、早朝からジムやヨガに行ったりもした。

ジムで一汗ながし、オフィスに向かうので、睡眠時間はいつも二時間とか三時間だった。疲労がたまりすぎて、内臓に痛みが走り病院に行ったが、英語が通じなかったのだろう、筋肉痛だと診断され、背中に痛み止めの注射を打たれたこともあった。

痛みは、まったくおさまらなかった。

こうして苦戦していた英語が話せるようになったのは、ある日突然だった。

忘れもしない、二〇〇九年一月十五日。

ハドソン川に、民間機が不時着した。

離陸直後に両エンジンが停止し飛行不能に陥った民間機を、機長の英断と技術でハドソン川へ着水させ、乗員・乗客全員が無事に救出された、あの事故の日だ。

あの日、私は全く別のお気楽な中継を放送する予定で構えていたところ、どうも事故があったらしいので直行せよという指示があり、現場に駆けつけた。

ハドソン川の川辺に中継車を止め、衛星を捉《とら》えて東京との中継が可能になったものの、川の流れは意外に速く、態勢が整ったときには、すでに機体は遥《はる》か先の川下に流され、中継予定地からはまったく見えなくなっていた。

日本は、朝のニュースの時間。ひっきりなしに東京のニュースセンターから呼びかけられるが、飛行機はもう見えない。

それでも、中継はせねばならない。

とにかく、乗客の安否確認など情報が欲しい。しかし、私自身は中継で呼びかけられるので、その場から離れられない。

こういうときに働いてくれるのが、一緒に仕事を組んでいるアシスタントだ。なのに、いっこうに情報を持ってこない。イライラしながら待っていた。

ひと通りのニュース中継が終わり、いったん撤収するというので探しに行くと、車の中で暖をとっていた。その日は氷点下の寒さだった。

「寒いから休んでいた」という。

プチッと、自分の中で何かが切れた音がした。
と、英語がつらつらぺらぺらと出てきた。日本語で考えたことを英語に翻訳して伝えるのではなく、思い浮かんだことがそのまま英語で出てきた。
相手はアメリカ人、私の怒りに対して言い返してくるので、またそれに反論することになる。
途中から、流暢《りゅうちょう》に英語が出てくる自分に酔ってしまい、なんだかいい気持ちになって、釘を刺しておかなければならない相手に、まあ今後は気をつけてやってくれればいいわ、と気前よく締めてしまった。

そこからのNY生活は楽しかった。テレビから聞こえてくる英語が分かるし、アシスタントには、その場で的確な指示が出せる。

友人と食事をしている最中に寝ることもなくなった。いろいろなことがうまく回り始めて、このまま永住路線もありだなと真剣に考えていたところに、日本への帰国が決まった。

せっかく、せっかく、死にものぐるいで習得した生の英語……。

先日、二年ぶりにNYを訪ねたら、流行《はや》りのレストランでのヒップな英語が聞こえなくなっていた。蛇がにゅっと出てくる感じにしか聞こえない。

落胆甚だしかった。

でも、今でも日本での日常生活で、びっくりすると「ウップス」って言っちゃうし、「オーマイガーッ」って言ってしまうのだ。

ちょっとだけ海外をかじったことをイキがる、ドメスティックな人間に成り下がったのである。

それでも行く

私は、がんばって会社に行く。
行きたくない、イキタクナイ。
それでも会社に行く。
がんばって行く。

言いたいことはいっぱいある。
理不尽なことがいっぱいある。
辞める理由がいっぱいある。
それでも、私は行く。

なんとか行く。

それだけでえらいんだと、
夜ひとりつぶやく。

3 酒がなかったら、この人がいなかったら……

美貌《びぼう》とかアナウンス力が売りではなかった私が、
どうして今まで働き続けてこられたのか。
考えられる理由は、一にも二にも、「人」でした。
あと、少しばかりの？お酒も……。

母のこと

アキレス腱《けん》だった。母は。私の。

失っては走れないという意味で。

こんな白い心の人から、どうして私のようなひねたコドモが出てくるのか、と我ながら思うほど、まっすぐに優しい人だった。

仕事のみに突っ走ってきた私は、仕事でちょっとでもつまずくと、息も絶えんばかりに大騒ぎし、

「もうだめだ。私なんか意味がない」

と母に泣きついた。夜中だろうと、早朝だろうと、電話口に出る母。

「うんうん。そう。ほんとに。まあ」

と絶妙の相づちを打ちながらただただ聞きとげたあと、最後に、

「だいじょうぶ、ゆみちゃん間違ってない」

と言う。

決して否定することはなかった。

私に非があるときもあった。

遠回しな言い訳を歯切れ悪く語る私。

そんなときは、

「そうね。もっといい方法があったかもしれないけど、そのときはそれが一番いいと思ったんだから、仕方ないよ。謝っておいで」

と優しく言う。

おかげで私は、仲間を失わずに仕事を続けてこられた。

母ががんを患《わずら》ったと知った当初はショックだったが、ゆっくりと進行するがんということに甘え、母が孫と遊び、家事をこなし、父の仕事を支えるのを、ただ漫然と見過ごしていた。

今思えば、あの体に何もかもを任せるのは無理な話だった。

けれど、私は甘えた。

これまで通りに甘えさせてくれる体力がある母を確認しては、医者が予告する死などは遠いことだと安心していた。

この期《ご》に及んでも、私は自分の不安の解消のために、母という人を存在させていた。

激痛に苦しみ抜いて亡《な》くなった。

しばらくは、朝晩なく自責の念に駆られた。

もっといい治療があったのではないか。

もっと必死に探せば、長く生きられる方法を発見できたのではないか。

「楽にしてほしい」と切願していたのに、私はもう二度と母と話せなくなってしまうことが怖くて、「これを打てばお母さんは痛みから解放されますが」と医師から説明を受けた、神経に打つ麻酔を決断できなかった。

最後の最後まで、自分のエゴのために母を痛めてしまった。

死後さえも、自分を責めることに集中することで、喪失の悲しみから逃げていた。

夏の暑い日、病院で医師から母の余命を宣告されたとき、病室で泣くことを止められなかった。

「死なないで」

という私に、

「死んだら由美子にずっとついていてあげるからね」と、涙は溜《た》めていたけれど、微笑《ほほえ》んで話していた。

あのときも母は、死への不安や心残りを口にしたりせず、娘を慰めることに、残されたわずかな力を注いでいた。

葬儀の後も、母のあの「ずっとついていてあげる」という言葉を心のたよりに、母は死んで塵《ちり》になったのではなく、今もそばにいるのだと信じようとした。痛みから解放され、天国から私を見守っているのだ。母はもう幸せなのだと。

そうした言葉を、あらゆる本から探して確認した。

その一方で、科学者の説く、死後は意識も意思もない、ただ灰になるのみという解釈を読み、虚無感に苛《さいな》まれ、彼らを逆恨みした。

アキレス腱が切れた私は、日常が乱雑になった。

大切な人無しで日常を丁寧に生きるのは、難しいのだということを知った。

最低限の仕事はしたけれど、心も体もガサガサとしていった。母を亡くすという経験は誰もが通る道だ、昔であればこのぐらいの歳《とし》が寿命だったのだからと言い聞かせるが、それでも、なにかとんでもない取り返しのつかないことをしてしまった気持ちになり、不安と絶望とに、逃げても逃げても追われた。

四十を過ぎた大人なのに、母を母としてではなく、一人の人間として、私が守り庇《ひ》護《ご》することもできたはずなのに、今もって娘として甘えている。もう触れることさえできなくなった今、私は何をすれば、あなたのための何かになれるのだろう。お母さん。

親父《おやじ》

走行中の車の中で、おもらしをしたことがある。

小学四年生の頃だったと思う。

その日は、家族四人で週末の近場ドライブに出かけていた。

我が家は週末になると母がお弁当を作り、水筒にお茶を入れ、父の運転で家族四人で出かけるのが常になっていた。

桜を見に行ったり、海水浴だったり、そうめん流しや紅葉狩り……名勝かどうかを問わず、とにかくお弁当を広げて食べられれば、どんな場所でもよかった。

毎週末のようにあちらこちらに出かけていたので、さすがに行く場所に困って同じ所に何度か行くこともあった。

その日は、帰りの高速道路がえらく渋滞し、サービスエリアも混雑していた。

一刻も早く帰ったほうが長い渋滞に巻き込まれないから、どこにも寄らずまっすぐ帰る、というのが、気の短い父の提案だった。

父の提案は、すなわち我が家の絶対である。

父は怒ると、この世のものとは思えないほど怖い存在だった。

私がまだ一歳の頃、何かのことで怒られた私が泣こうとした瞬間、父が「おほん」と咳払《せきばら》いをしただけで、ひぃひぃと息を引きつらせるように、泣くのを我慢したという。

それほど怖がっていたんだ、と当の本人の父が自慢げに語るのを、何度か聞いたことがある。

それが恐怖政治であろうとなんであろうと、自分が家族にとって絶対の存在であることが、父にとっての存在理由だったのだろう。

言うことを聞かないと押し入れに入れられたり、外に放り出されたりは当たり前で、幼い私たち姉妹には反逆する術《すべ》もなく、ただただ、父を怒らせないように心がけて暮らしていた。

「お父さん」ではなく、「パパ」と呼べるようになったのも、ずいぶん後のことだ。

確か、周りの子供たちがみんなパパと呼んでいるので私もそう呼んでいいですか？と、母に許可を願った記憶がある。

そんなだったので、渋滞中の車の中でトイレに行きたくなった、などと報告できるはずもなく、私はひたすら我慢を重ねた。

「あと何分？　あと何分で着くの？」

繰り返し尋ねていたが、途中からは口も利《き》けなくなるほどだった。

我慢には限界がある。

なお家までは十分以上かかると聞いた瞬間、我慢は無理だと覚悟を決め、子供なりに知恵を働かせた。

後部座席に座っていた私と妹の間にオーバーを布団《ふとん》のようにかけ、前の席からは見えないようにした上で、ビニール袋をそっと座席の上に広げて用を足してはどうかと。

今考えると、そんな無茶なやり方でうまくいくはずがないのに、我慢の限界を超えた状態では、頭の中がそのベストアイディアでいっぱいになり、ついに決行してしまった。

我慢に我慢を重ねた先の、解放感。

しかし、そんな安易な、簡易な方策がうまくいくはずもない。

終わってみたら、座席がしっとりぬれている。

そこからは、また別の恐怖に包まれた。

中古車とはいえ、車好きの父が大切にしているこの座席に、おしっこを垂らしてしまったのだ。

バレたらどうしようと、家に着くまでそればかりが心配だった。

犯罪幇助《ほうじょ》を強制させられた妹も同じ恐怖に襲われていて、私たちは家に着いたら、膨らんだビニール袋をどうやってばれないように捨てるのかということと、しめったこのシートをどうするのか、ということで頭がいっぱいだった。

いっそのこと告白して懺悔《ざんげ》をしても良かったのだろうが、

「なぜそんなこと遠慮せずに言わなかった」

とまた怒られてしまうと思い、言い出せなかった。

今考えると、おしっこくらいで怒られることもなかったかもしれないが、とにかく父は怒らせたくない存在だったのだ。

そして、九州男児の父に文句の一つも言わず、自分は夫子供に尽くすものと思っている母に育てられた私たちは、父の私たちへの怒りが母へ向くことを恐れて、母にも言い出せなかった。

到着してから私たちが実行した対策は、こうだ。

ビニール袋は、一か八かで妹のリュックサックに入れ込んで家に持ち運び、トイレに捨てる。買ってもらったばかりのリュックサックに排泄物《はいせつぶつ》をつめる……妹は相当嫌がったが、なだめすかして様々なオプション報酬をつけ、承諾させた。

濡《ぬ》れたシートについては、家についてから「車に忘れ物をした」と言って、母から車の鍵《かぎ》を借り、湿り気を拭き取りに行く。

これが、小学生が思いつく最良の方法で、どうにか乗り切ったと思った。

結局、前の座席に座っていた両親にバレていたのかいないのか、今も分からない。

大学に入っても、父の怖さは変わらなかった。

男女交際は禁止、というか、禁止と言われたこともないのに、こちらから暗黙のルールと察して禁止事項となっていた。

門限は八時半。

バブル時代の女子大生にとっては、なんとも悲惨だ。合コンに行っても、興が乗ってきたころの七時四五分、大阪の繁華街・梅田を飛び出て、急行に飛び乗る。

シンデレラでさえ深夜手前まで踊っていたというのに、バブル時代の私は、踊るどころか、ダンスミュージックが始まる前に現場から去っていた。

ガラスの靴なんか忘れようものなら、父からの容赦ない追及がくるのは目に見えていたので、シンデレラのようなヘマもしたことがない。

ゆえに、後になって王子様が訪ねてくるようなこともまったくなかった。

そんな父が突然変わったのは、成人式を迎えてからだった。

今思うと、教師だった父にはそれなりの哲学があり、娘が二十歳になるまでは厳格な存在で居ることを決めていたのかもしれない。

突然、友人のような口の利き方になった。

冗談も言うし、父が間違っていることを指摘しても、怒るどころかおどけてみせる。

余談になるが、父は言い間違い、聞き間違いの宝庫で、その種のネタに事欠かない。会話の中でこちらが「ラブソング」と言ったのに、「ざぶとん、もらった、のか?」と返す。

なぜそのような、脈絡から外れた奇想天外なことを言うのか。親子ながら理解できない。

中には、かわいい間違いもある。

「あの二人組の歌のグループ、さわやかだな。なんて言ったっけな。ああ思い出した、『もず』だ」

という。世代柄、モッズか? などとあれこれ考えていたら、「ゆず」だった。

確かにさわやか、という形容詞をつけていたが……。

そんなことを大いに笑いものにしたら、以前の父なら俺は教師だったんだと怒鳴りそうなものだが、今や嬉《うれ》しげに頷《うなず》いている。

それどころか、自分でも尾ひれをつけておもしろおかしく話すほどだ。

最近では、私の方が口うるさく文句ばかり言っている。

ご飯粒！
こぼさないで。
そんな言い方しないで。
もっと運動して。
お酒を控えて。
ママはもういないんだから、一人で何でもできるようになって！
途中までは黙って聞き流している父だが、最後には、一〇〇%大げんかになる。
一度は、とっくみあいのけんかをした。
あの時は、互いにおおいにお酒が入っていた。先に胸を突いたのは私だが、
「女のくせに手を出すとは何事だ」
と、突き返してきた。
ちょっと突かれただけなのに酔っている私は大きくよろけ、
「女を押すとは何事だ！」
と、父の背広の襟元をつかんでぐいぐいとやり、そこからは覚えてないが、翌日起

きたときには、手や足から出た血が固まり、いくつもの内出血があった。

今考えると、娘の分際で、親に対して、なんとも申し訳ないことをしたものだと思う。

だが、就職していっぱしに社会で働いているという自負が生まれ、それまで歯向かえなかった存在に正義感を持って向きあえるようになって、そんな風に極端に振れてしまったのではないかと思う。

言い訳だが。

今も、会うと必ず言い争いになるのだが、母が亡くなった後は、強がる姿がそのまま寂しさを叫んでいるようで、ついつい情にほだされ、帰省してしまい、また同じような言い合いやけんかを繰り返している。

そんな父も、もう七十歳を超えた。

いつかこの人が〝おもらし〟をするようになった時には、大事な車のシートを汚してしまったあの時の罪ほろぼしに、黙って見て見ぬふりをしようと思っている。

ジルとルーダ

前頭部に十円どころか五百円玉大のハゲができたのは、アメリカ特派員としてNYに赴任してすぐのことだった。

自分では全く気付かず、髪をカットしに行ったときに、美容師さんが申し訳なさそうに、

「分かっていると思うけれど、かわいそうに、円形脱毛症になってるわよ。ここ」

と教えてくれて、初めて認識した。

よくぞまあここまで気付かなかったものだと自分で呆《あき》れてしまうくらいに、くっきりはっきりまっしろに、頭皮が露《あら》わになっていた。

そういえば、髪がなんかぺしゃんとしてボリュームが出ないなあとは思っていたが、NYに赴任してすぐは、時間にも心にも体にも余裕が無くて、髪の毛に関心を払う時間なんて無駄なものは全部省きたいくらいの生活だった。

美容院に行っても、

「寝起きのまま出勤できるような髪型にしてください。また、むこう三ヶ月以上はカットしなくていいようなスタイルで」

と、女とは思えないようなリクエストをしていた。

そんな感じだったから、自分の巨大なハゲに気付かなかった。

ちょうどハゲができた頃、ジルとルーダに会った。

きっかけは、飛行機の中で、まあ、有り体に言えばナンパしてきた、イタリア系アメリカ人の自称映像アートデザイナー兼脚本家という男性に紹介されたのだ。

誤解を解くために書くが、アメリカに行って、自由じゃ〜と解放され、ナンパに簡単に引っかかっていたわけではない。

ただ、こう見えて押しに弱い私は、いちおう名刺交換くらいはしてしまう。

そしてこの時は、そのナンパ男のマークから、すぐにこんな誘いがあった。

「とても魅力的なアトリエがあるんだ。昔、アンディ・ウォーホルやキース・ヘリングがNYにいた頃、SOHOにはたくさんアトリエがあって、いろんな分野のアーティストが集まるサロン（集まり）が開かれていたんだ。

でも地価が高騰《こうとう》してアーティストは住めなくなって、アトリエもブランドショップに替わってしまったんだけど、まだひとつ残っているアトリエがあって、月に一度、世界中から面白い人たちが集まるサロンが開かれるんだ。行かない?」

私は即答で「行く!」と答えた。

だいたいにおいて、そんなもんである。

そのマークに連れて行ってもらったのが、ジルとルーダのアトリエだった。

ジルは写真家。

マイルス・デイビスやスティングといった有名なアーティストたちのレコードジャケットの写真を撮るほどの腕前で、肖像写真で名が通っていて、そのアトリエには、大富豪一家や往年の女優さんたちのポートレートが何千枚も置いてあった。

ルーダはデザイナー。

フランス人で、以前はフランスの高級ブランドのパタンナーをしていた。今は自分のブランドを、といってもすべて手作りの洋服なので、一点ものを完成させたら売る、というような、欲のない形で仕事をしていた。

二人はパートナーで、それぞれ五回目と三回目かの結婚で、ジルが確か七十代で、ルーダは四十代だったと思う。

いま日本に帰ってきてこう書くと苦笑しちゃうのだが、あんなに仲が良かったのに、年齢を知らない。

仲良くなるのに、年齢や出自は知らなくても何の問題もないというのが、NYで経験した、日本での人間関係との一番の違いだった。

年上だとかナニジンだからというのが、人種のるつぼでは意味をなさない。

生身の自分が、生身の相手をどう感じるか。好きか嫌いか。つきあいたいかつきあいたくないか……。

匂《にお》いというか、動物的感覚でつながっていく。

もちろん、日本以上に階級や学歴、人種にこだわったり、損得を計算する部分もあるけれども、相手を感じる、という感覚が、私には新鮮だった。

これまでとは違う感覚で、人とつながっていった。

そして、ジルとルーダと私は何となく気が合って、そのうち私はアトリエを頻繁に訪れるようになった。

ジルは著名な写真家と言っても、がつがつと仕事をしないから、あんまりお金はなかったようで、蓄えが減ってくれば写真を撮るみたいな生活だった。

でも、誰がいつ来てもアトリエのドアを開け、生ハムにチーズとパン、それにジル特製のたまらなくおいしいオニオンスープと、ワインを用意していた。

元は倉庫だったというそのアトリエの天井には、大きなクレーンのレールが残されたままになっていたが、そこに二人は住んでもいた。

中二階が二人のベッドルーム、一階が写真などを飾ってあるアトリエ、地下に撮影所と食堂とキッチンとトイレ・バスと現像室を兼ねた、まあ広場みたいなリビングがあった。

サロンが開かれるときにはそこに三十人、多いときには五十人くらいがやってくる。アメリカの著名な高齢の詩人がスペインギターのプロと並んで即興で詩を読んだり、アフリカの若いドラマーが太鼓を八つも抱えてやってきたり、ハリウッドの小道具を作っているという才能あるオタクが、体に変なプラスチックを巻いてやってきたり、フラメンコダンサーの女性が、突然裸体で創作ダンスを披露したり。

ああ、これがNYなんだな、と感じる場所だった。

いつしか、悩んだり、気分が晴れない時は、ジルとルーダのアトリエを訪れるようになった。

日本との時差は十三時間。

こちらが愚痴を言いたい夜は、日本の朝だ。かといって、日本の夜に合わせて、NYで朝から愚痴を言うのもどうかと思い、吐き出すところが無くなっていたのだろう。円形脱毛症になるのもいたしかたなかった。

しかも、私は人と会うと気疲れする質《たち》で、相談ごとをしている途中でも、こんなのただの愚痴だし甘えじゃないか、自分で解決すればいいものを、相手の時間を費やして聞いてもらって申し訳ない、などとよけいなことばかり考えて落ち着かなくなる。

でも不思議なことに、ジルとルーダにはなんの気兼ねもなく、なんでも話せた。ずいぶん相談に乗ってもらった。

私の英語がつたなかったときから、愚痴や人生相談を、二人はいつでもじっと聞いてくれた。さすが五度も結婚していて、七つの国の混血だというジルは、いろんな国で暮らした経験を踏まえ、常に前向きなアドバイスをくれる。

そしてルーダは、同世代なのだけれど、お母さんみたいなあたたかさで慰めてくれ、抱きしめてくれた。

ときにはジルの子供がやってきて、その娘も一緒に私の相談を聞き、最後は、いやそうじゃない、それはおかしいと、みんなで討論するという状況になることも少なくなく、それを眺めては、ありがたさと嬉しさでいっぱいになっていた。

ジルにはいつも、

「ユミコ、どうしてもっと自分に可能性があると考えないのか」

と、言われていた。

日本では、NHKの中では、という話をすると、

「なぜユミコは出来ない話ばかりするのか？　出来る話をなぜしない？　出来るようになる自分をなぜ語らない？」

と、痛いところを突かれた。

「なぜ日本だけにこだわるのか？　世界のどこかで暮らせる自分を想像したら、今の悩みさえもわくわくしないか？」

と、ドメスティックに生きてきた私には少々ハードルが高いアドバイスもあったが、

どれもこれも、その時の私には必要な言葉ばかりだった。

印象深い言葉があった。

別の友人の一人にウォールストリートで働く、まさに金融界でのし上がろうとしているアメリカ人の男性がいた。

「ユミコ、〝ride the wave〟って知っているか?」

と、聞いてきた。

「人はみな、人生という波に乗っている。その波はどんどん高くなり、そしてある時点から下がっていく。

問題なのは、普通の人たちは、自分の波が、いまどうなっているのか分かっていないことだ。波が高くなっていく途中なのか、いまがピークなのか、把握していない。

そして、うまくいっているときには、この高い波はずっと続くんだと考える。高い波は長くは続かない、なんて思いもよらないんだ。

そして気が付いたときには、その波はどんどん下がっている。もう一度高い波に乗るには、また一から乗りなおさなくてはいけない。

でも、僕ら成功する人間は違う。波の一番高いところで、次の波にぽんと飛び移るんだ。その必要性が分かっているし、それだけの実力がある。そうしていくつもの波を渡り歩き、永遠に高いところにいるのさ」

それを聞いたときに、は～、さすが生き馬の目を抜くNY、勝ち組ってそんなこと考えているんだ、と思った。

その話を、ジルにした。

私は得意げに、さすがウォールストリートだと思わない？　ジルも、有名人のレコードジャケットを撮り続けて波に乗り続けたらいいのに、と。

するとジルは、めちゃくちゃに優しい笑顔を浮かべて、こう言った。

「ユミコの言ってることはわかる。でもね、波の高いところから落ちるとき、落ちきってしまったとき、そのときどきの景色を味わえるというのは、人生にとって面白く、まったく幸せなことだ。

仮にそれが苦しみであったり、焦《あせ》りであったりしたとしても、高いところの景色ばかりを、落ちないように落ちないように気をつけながら見るよりも、楽しそうだと思わないか？

いいときにはいいときの、悪いときには悪いときの景色を味わえばいいのさ。

私なら、落ちていく波に乗る方を選ぶね」

と。

そんなことを、さらりと語ってくれる友人だった。

NYを去るときには、私の写真を撮ってくれた。

現像に一ヶ月かかると言った。

「かわいいかわいい君の写真だからね、百年後も残る仕上げにするから」と。

私がNYを離れた後しばらくして、アトリエの賃貸料が値上がりし、ジルとルーダはそこを引き払った。

私の円形脱毛症がなおったのは、ジルとルーダのおかげだ。

誰もがのし上がることを強いられるような〝成功の街〟のど真ん中にいて、ジルの存在が、どれだけ若いアーティストたちを支えていたのかをこの目で見ていたので、残念で仕方なかった。

これまで一年後の自分は思い描けても、老後の自分を思い描けなかった私だが、いずれはジルとルーダのような場所を作ることができる人になりたいという夢ができた。

ちょっと前まではマイアミで、今はハワイにいるがこの先は分からないという二人の居場所を、近々訪ねようと思っている。

いのっち

プライベートのパートナーには恵まれなかったワタクシだが、仕事のパートナーには恵まれ続けてきた。

最たるものが、いのっちこと井ノ原快彦《よしひこ》さんだ。

五年目に入った番組「あさイチ」の司会を、一緒に担当している。

この男、実に奥深く、出来たお方だ。

最初は、アイドルと一緒に司会と聞いて、こりゃえらいことになったわと思った。アイドルだから、きっと段取りとかコメントとか全部用意してあげなくちゃいけなくて、いつも「いいですね〜。すごいですね〜」と持ち上げて持ち上げて、機嫌を取ったりするんだろうな。

失言もフォローしてあげなきゃいけなかったりして、結構大変なのだろう……と、なんだか勝手な思い込みをしていた。

が、真逆だった。今や、私の方が失言する。私の方が機嫌を取ってもらっている。私の言葉足らずを、いのっちがフォローしてくれる。

それに慣れてしまったばかりに、たまに別の番組で他の方と組むと、半人前のコメントしか出来なくなっている自分に気が付く。

あ〜、パートナーに恵まれるって、ある意味コワい。

そしてこの人、他人への思いやりが半端《はんぱ》ではない。

「あさイチ」は、八時十五分からの番組だ。

生放送とはいえ、本番一時間以上前から、リハーサルや中継の最終チェックが行われる。

前日にも、一時間以上にわたって我々司会者とディレクターやプロデューサー、フロアディレクターが集まり、翌日のテーマについて侃々諤々《かんかんがくがく》の打ち合わせをする。

それをもとに台本を修正し、リハーサルを行い、そこでさらに内容を詰めていく。前日の打ち合わせは、いのっちも私も、本番以上に臨戦態勢で臨む。二時間近い番組をあずかる身としては、そこで自分たちが納得できないものは放送したくない、できないと思っている。

ただ、時にはVTRの編集がぎりぎりになるときもある。そういう場合、当日朝の確認となる。

ある朝のことだった。

その日は、東日本大震災で全村避難となってから三年目を迎えた被災地、福島県飯《いい》舘《たて》村からのリポートだった。

担当したディレクターが、本番直前ぎりぎりにやってきて説明を始め、

「いのっちさんには、最後のまとめとして、被災地のことを忘れずにいようというようなことを言ってほしいんですが」

と、手短に言った。

いつもは、無理難題やあり得ない無茶ぶりを、舌足らずのまわりくどい説明で直前にされても、制作者の意図を汲《く》みすぎるほど汲んで、笑顔で応《こた》えるいのっちだが、そ

の日は少し声を荒らげて、

「どうして、こんな大事なことをもっと早く打ち合わせにこないのか。それらしいことを言ってくれ、というだけで済む話じゃないでしょう。
どんなことを感じるのか、きちんとみんなで話し合うべきものではないか。取材したあなたにとっても、大切な取材相手でしょう。テーマでしょう」

ということを、ディレクターに問うた。

いつもと違ったいのっちの声に、張りつめた空気が流れる。ディレクターは、しどろもどろになった。

それでも、本番がスタートすれば、そんなことはおくびにも出さず、いつものように、穏やかな人なつっこい、いのっちの笑顔で放送が進む。

そして、被災地のリポートのVTRが流れた。

いのっちは、とってつけたようなコメントをしない。自分の中をちゃんと通した言葉でしか語らない。いつも温めている被災地への思いを語った。まさにディレクターが願った以上のコメントだった。

放送終了後、担当ディレクターは意気消沈だった。

いつもどんなテーマも一緒になって考え、ディレクター一人ひとりの意図を大切にしてくれるいのっちに、ちゃんと説明できなかった。後悔しているようだった。

その日、いのっちは打ち合わせのあとすぐにドラマの撮影に向かい、そのディレクターはいのっちに会えなかった。

で、ここからである。

スタジオにいたフロアディレクターからそのディレクターに、一枚の小さな紙が渡された。

その小さなメモを見た瞬間、担当ディレクターの表情はみるみるうちに変わり、嬉しそうな、泣きそうな笑顔になった。

まるで、不合格確実と思っていた入学試験の結果を知らせる電報が、開いてみたら合格だった、というくらいの。

私は、その紙をのぞかせてもらった。

その小さい紙には、ディレクターの似顔絵が、落書きのように、けれど愛情いっぱいに描かれていた。

担当ディレクターはスタジオの外から指示を出しているので、本番中は出演者と直接やりとりをしない。だから、フロアディレクターにいのっちが託していたのだ。そういえば、放送終了後、いのっちがごそごそと何かをメモしているなとは思っていたが、しこしことその似顔絵を制作していたのである。

そのディレクターが、容姿とは違って繊細な人であることや、口ベタだが思いのある取材をすること、きっとあのやりとりを気にしちゃうまじめなタイプだということを感じていたのだろう。

しかも、気にするなとか、気にしてないよ、などという微妙なフォローの言葉でかえって相手に気を遣わせるのではなく、ただただ愛情だけを伝えたのだ。

そのディレクターから、

「もう地元の局へ帰らないといけないから、これをいのっちさんに渡してください」

と、可愛《かわい》いカードを預かった。

どんな内容か、そこまではさすがにのぞかなかったが、それを読むいのっちのうれしそうな顔は見逃さなかった。

自分と関わった人の感情を、絶対に放置しない。

そして、全員が笑顔であることを望む。

ことごとく、そういう人なのである。

ものや人を見る視点が優しくて、思いやりがある。

正直で純粋で、自分の意見を的確に表現する言葉を持ち、それでいて、人の話を本当に深くきちんと聞き、とらえている。

かといって優等生的な発言しかしないかというと、私の腹黒い発言にもつきあってくれる。

みんなで飲みに行っても、まあとにかく、場を楽しくさせるいい酒を飲む。

もちろん、誉《ほ》めてばかりでは、私のコラムと言えない。

悪いところを暴露しようと、結構な時間、意地悪く考え抜いてみたが、いまだ欠点を見つけ出せずにいる。

こんなお方と、毎朝二時間もご一緒しているのだ。プライベートでパートナーに求めるレベルが無闇《むやみ》に高くなるのも、私のせいではないと思う。

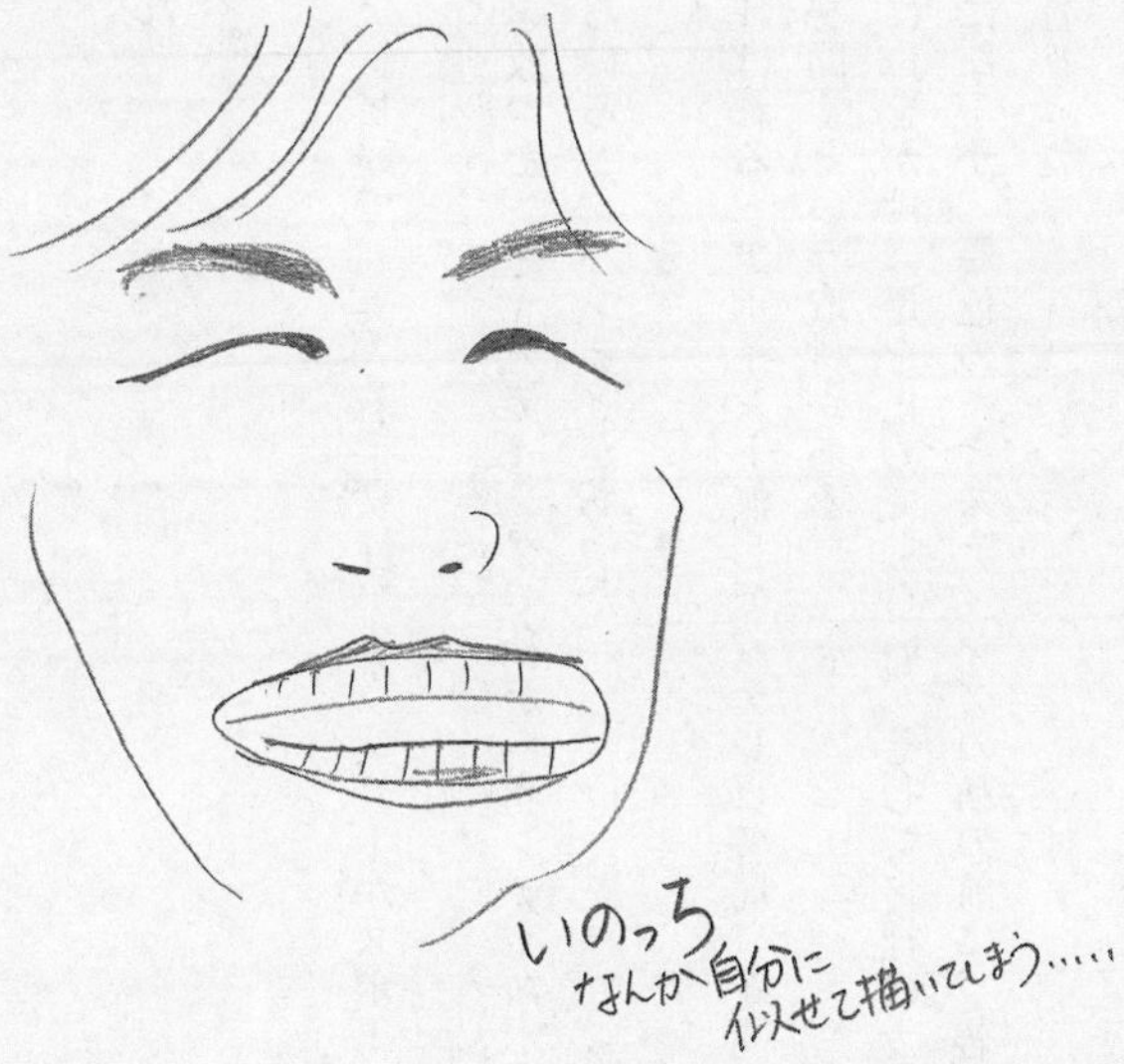
いのっち
なんか自分に
似せて描いてしまう……

ちょーさん

九七年ごろ、各テレビ局で、美人若手女性アナウンサーがスポーツキャスターとして活躍していた。

その中で〝異彩を放った〟キャスティングで私が「サンデースポーツ」を担当することになった。いろいろと、ハンディがあった。

〝ぶら下がり〟と呼ばれる、アポイント無しで、テレビ各局、新聞各社が横並びで選手を待ち構えて話を聞くという取材がある。

注目選手にいかに声をかけ、足を止めてもらい、そして自社のカメラの正面に来てもらえるかが勝負になるが、異色のキャスティングの私の前に、若い選手が積極的に足を止めることはなかった。

そんな中で本当にお世話になったのが、おじさま方だった。

そのお一人、Mr．ジャイアンツ、長嶋茂雄監督。

私がスポーツ番組の担当となったばかりの宮崎キャンプ取材の時だった。監督の周りには、いつも少なくとも二十人以上の記者やカメラマンがついている。とてもとても新入りの私など、個別に話を聞くどころか近寄るチャンスさえなかった。

が、しかし。ある日、遠く離れたところで取材をしていた私に、監督が手招きをしている。

一緒にいたカメラマンが、「長嶋監督がお前を呼んでるみたいだ！　とにかく、行け！」という。猛ダッシュで近くに行くと、監督のマネージャーが「有働さん、監督が呼んでるから、そばに行ってみて」とおっしゃる。

まじか、あの長嶋さんの近くに行くのか！

父は生粋の巨人ファン、小さい頃からジャイアンツの試合ばかり視聴させられてきた。

しかし、その反発で私は阪神《はんしん》ファンになった。阪神ファンは自動的にアンチ巨人だ。

その巨人の、Mr.ジャイアンツに呼ばれた。複雑な気持ちになる、べきところだが、思わず尻尾《しっぽ》を振って近寄ってしまった。

監督「お？　有働さんですかぁ、NHKの。よぉく見てますよ〜、朝のニュース」

私（歓喜の声で）「は、はい。有働由美子ともうします。どうかよろしくお願いします〜っ」

監督「今度からサンデーのスポーツの担当になられるそうで。がんばってくださいね〜。野球は好きなの？　野球、ベイスボールは？」

私「はい。小さい頃から見てました。あ、で、でも、あの〜」

と、ここで私の心の声。

《今だ、ここで監督にいい印象をもってもらうんだ。今後の取材のためだ！　ええい、巨人ファンと言ってしまえ。で、で、でも、ワタシは阪神ファンだ。他の球団ならまだしも、巨人ファンとは、巨人ファンとは、いくらなんでも言ってしまったら完全なる自己否定になる。そんなこと口が裂けても言えない！　けれど、今後の取材が……ああ、どうしよう……》

と、逡巡《しゅんじゅん》したあげく、
私「監督すみません。阪神ファンなんです。でも監督のことはいつもテレビで見てました」

と、間抜けな回答をしてしまった。すると、
監督「構いません、構いません。野球を好きでいてくれるなら嬉しいですよ〜。僕もね、阪神ファンだったんだよ。うっふっふ」

と、いたずらっ子のような目で答えられた。

その瞬間、私のハートは射抜かれた。

長嶋監督、好き！

もっと話をするチャンスなのだが、舞い上がってしまって、

「お邪魔になるといけないのでこれで失礼します」

とお辞儀をして走り出した二秒後ぐらいに、

「ちょっと〜すみません」

と監督に呼び止められた。あわてて戻り「なんでしょうか？」と尋ねたら、「さっきからずっと思ってたんですがね、あなたの足、ピッチャー向きですねえ。太くて安定感がある。どっしりしている。いいですよ〜」と、それだけ、それだけをおっしゃった。

えっと、これどういう返しが、正しいのか……。

監督は、「言いたいことは以上！」という感じの笑顔で締めている。どうすればいいの、ここは？

で、何も浮かばなかった私は、「あ、ありがとうございました」と、なんだかわからない過去形でお礼を述べて、あとずさりするように監督から離れた。

その後、監督には番組でたくさんのインタビューに応じていただき、野球への愛、スポーツ全体への愛情、人として一流であることへのこだわりなど、様々なことを教えていただいた。

監督の引退、最後にユニフォームを着る日も取材させていただいた。

その日は、百人を超える取材陣が監督を待ち構えていた。試合前の練習が終わり、監督に声をかけられるたった一度のチャンスに、私は多くの取材陣の中でもみくちゃになりながら、思い切って前に出て声をかけた。監督が足を止めてくださった。

私「監督、これで最後のユニフォームになりますが」
監督「そうですね……」
私「寂しくなります」
監督「えへへ。まだ、試合があるから。まだ」

さりげない言葉だが、その表情にお気持ちがすべて表れていた。スポーツキャスターとして、最高のそして最もせつない〝ぶら下がり〟だった。

その後も、長嶋さんは、ピッチャー向きの私を気にかけてくださってか、お目にかかるといつも、

「ちゃんと食べてる？　栄養とってる？」

と、声をかけ続けてくださった。

それほどまでに私は、食い意地が張った顔をしているのか、まさかＮＨＫがそこま

で薄給だと思われているのか、いや長嶋監督のことだ、本気で私をピッチャーに育てようと思っておられるのではないか、などと考えたりもしたが、いずれにしても三十すぎた女が、いつも「食ってるか？　食えているか？」と心配していただくのも、いかがなものだろう。

まあおそらくは、他にかける言葉がなかったから、そう声をかけてくださっていたのだろう、とずっと思っていた。

が、あるときランチをご一緒させていただく機会があり、その際、本気で栄養が足りないと心配してくださっていたと知った。

一度栄養のあるものを食べさせてあげたかったのだと。

そして、大きなビフテキを二枚ごちそうになった。

本気で栄養補給してくださった。

私の中で、長嶋監督は永久に不滅、になった。

本と酒

読書好き、といえば、なにやら賢さと謙虚さが香ってきて、趣味の欄に書くには好ましい。が、私の読書好きはいたしかたなく、だった。

読書しかなかったのだもの。

小学校に入学した頃に住んでいた家が、小高い山の中腹にある、竹やぶに囲まれた、というより、竹やぶに覆《おお》われてしまっていた一軒家だった。

ご近所さんは、山の頂上と山の麓《ふもと》。

上には老夫婦と牛十頭、下には丸い顔のふくよかなおばあちゃんが住んでいた。ご近所さんの平均年齢は、七十歳くらい。子供はいなかった。

「教職員住宅にしては広い」と、見つけてきた父は嬉《うれ》しそうに引っ越しを決めたのだが、私は以前の長屋住宅のほうが、遊んでくれる同世代の子供がたくさんいたし、狭い間取りも子供にとっては好都合で、基地ごっこをしたりと楽しかった。

その一軒家は広いは広いが、家の中を蛇が横断したり、寝ている間にむかでが足の上を走って行ったりが日常茶飯事のワイルドなスポットで、虫がなによりも苦手な私にとっては、家の敷地が学校以上に落ち着けない場所となった。

〝子供部屋〟と称する小さな板間の物置は、日当りが良すぎて床や壁が灼《や》けてしまい、白っぽく、安っぽくなっていた。

外で遊ぶよりも紫外線を浴びてしまうような部屋だった。

毎晩のようにお客さんを連れてきては宴会をし、土日には教え子たちを一クラスまとめて連れてきて、やれカレーだ、うどんだ、と振る舞っていた、「ド」がつくほど社交的な父のおかげで、わが家には私に本を買うほどの経済的余裕はなかった。

だから、たまにど田舎を覗《のぞ》きにくる親戚《しんせき》たちが、お土産に本を買ってきてくれると、いただいた本が日に灼けないように、タオルを巻いて大事にしまっておいた。

持っていた本の名前を今でも覚えているほど数が少なかったので、同じ本を何十回、何百回と読んだ。

『せかいいじんの話』

『王子とこじき』

『ああ無情』

この三冊は暗記できるまでになり、おかげで文章の形を覚え、作文を書くといつも褒められて賞もよくいただいていた。賞に図書券がついてくるので、それで本を買い、また本を読んだ。

隣近所には牛と年老いた大人しかいなかったから、読む時間だけはいくらでもあった。

子供にとって少し早めの読書は、人の感情の捉《とら》え方を大人っぽくさせる。人の気持ちの裏を描いているような本を読み出してからは、子供と大人の区別がつかなくなり、子供らしい考え方が出来なくなっていたのだろう。

小学校高学年のとき、授業中にまわし手紙をしていたのがばれて廊下に立たされた。先生への評価やクラスのあり方に関する意見を忠実に書いてしまっていた。

女性の担任教師は、クラスの子供たちに「朱に交われば紅《あか》くなるわよ」と、私と関わることに釘《くぎ》を刺した。

その時は何か難しい言葉で褒められたのだと喜んでいたが、ずいぶんたってから、私ってそんなに嫌な子供だったのか、と気付いた。

今考えれば分かる。

四十人以上の子供を治めないといけない先生にとったら、私のような考え方の子供ばかりになってしまったら、それは大変だろう。

でも言い訳をすれば、子供ながらに見張っていたのだ。

本の中では、純粋な子供の気持ちをわからない大人がよく出てきては、子供の心を踏みにじる。だから、そうした鈍感な大人が間違った理解をしないように、と。

ま、いいや。

そんなこんなで本を読む癖がついてしまうと、困難に出会ったとき、その答えを本に求めるようになった。

本探しがうまくなると、人間のアドバイスはたいてい良い本に負ける、と不遜《ふそん》な思いを持ってしまうようになった。

ところが、だ。

就職してからというもの、読書と言えば実用書ばかりで、本を読む時間を作るのが下手になり、本探しも下手になった。

と同時に、本に代わって登場したのがお酒だった。

酔ってごまかす。

本に真理を求めたのとは、真逆の行為だ。

本質を求めようとすると、時間も労力もかかる。それより、安易に苦悩から逃げられる方を選んだ。

人間としての質の低下はひどいもんだ。

あのころの感受性を失ったことについて、今でも罪悪感と恐怖に苛《さいな》まれる。

そんな二日酔いの朝、必ず読む詩がある。

「自分の感受性くらい」だ。

ぱさぱさに乾いてゆく心を
ひとのせいにはするな
みずから水やりを怠っておいて

気難かしくなってきたのを
友人のせいにはするな
しなやかさを失ったのはどちらなのか

苛立《いらだ》つのを
近親のせいにはするな
なにもかも下手だったのはわたくし

初心消えかかるのを
暮しのせいにはするな
そもそもが　ひよわな志にすぎなかった

駄目なことの一切を
時代のせいにはするな
わずかに光る尊厳の放棄

自分の感受性くらい
自分で守れ
ばかものよ

（『自分の感受性くらい』花神社）


茨木《いばらぎ》のり子さんの詩。

酒を飲んで、言い訳をし、的外れな愚痴を述べて本質と向き合わずに逃避した翌日、いやでも目にいれることにしている。

言葉の力で、自分の心が多少なりとも動く。そのくらいの、感受性は失いたくないなと思って。

4 黒ウドウ

はい、クロいです。だから何か？

歳《とし》や経験と反比例して、クロさを隠そうという気持ちはどんどん消えていきます。思うままに綴《つづ》っていたら、こんな章ができちゃいました。

声

声ほど、客観的にとらえることが難しいものはないと思う。

私の場合もともと声が低いのに、実際に他人に聞こえている声より自分の中で響く声がより低く感じ、なんか可愛《かわい》いことを言うと、自分の中でちぐはぐな気がする。だから、しゃべっているうちに、その低めの声色にあおられて、腹に一物ある感じの話し方や言葉選びを、自らしてしまう。

本当は、語尾に「だもん」とつけたりとか、「いやいや〜」と甘え声を出してみたりしたいケースもあるのだが、声とのギャップを考えると、できない。声のせいで、オンナとしてひどく損をしていると思う。

本当はそんなに腹黒くないのに、本当はもっとかわいいことを思ったり考えたりすることも、ないわけではないのに……声にできない。

親友に、けっこういじわるで、顔も性格に比例して年々いじわるっぽさが増しているオンナがいるのだが、そやつは、異常に声が高い。声だけ別物のようにかわいい。それだけで、確かに得をしている。四十過ぎても「だもん」だし、「いやいや〜」と身をよじったりもしている。

それを普通に眺めている夫にもイラッとするのだが、確かに許せる声なのだ。

たとえば、「むかつく」と低い声で言うのと、高い声で言うのとでは、印象が全く違う。

声が高い友人のそれは、女子の愚痴程度にしか聞こえないらしいが、低い私は、たったひとこと「むかつく」と言っただけで、すでに仕返しさえ計算し、腹にその実行の決意を持っているように聞こえるようだ。

声だけで濡《ぬ》れ衣《ぎぬ》を着せられたような、この理不尽さ。

損だ。明らかに損だ。

声が高い友人のほうが、はるかに意地が悪いのに。

わたしだって、声が高くアニメ声だったら、「ちょっと酔ったみたい」ってしなだれかかることもできるのに……。

若いころ、地声で一度試したことがあるのだが、「冗談やめろよ」どころか「うそつくなよ」と言われたことがある。

そういえば、けんかして声をあげて泣いた時に、「泣き方が怖え」と言われたこともあった。思い出した。

若いころはコンプレックスだったこの低い声だが、四十年も付き合っていると、その声にしっかり連動した性格になっている気がする。

声というのは、鏡を見ないと意識しない容姿とは違って、常に自分の中に響くものだから、影響されやすい。

加齢とともにより一層ドスが利《き》いてきた今日この頃は、逆にこの声を利用さえしている。

もうしわけないが、わたしたち〝お年頃〟の女性は、意見されるのが嫌いなので、自分が発言中に反論しようとする表情を察知しようものなら、一段声を低く太くして、

〝お黙り〟の圧力をかけることができる。

同世代の女性がいる職場で、よく見かける光景だ。人の振り見て我が振り直して、ちょっとでも高めの優しい声で返せばいいのに、相手に勝つために、さらに音程を下げて向かってしまう。

そのため、同世代の女性が多い会議では、牛ガエルの合唱のように、低く太い声が会議室に響いている。

冷静になって耳を澄まして、恐ろしく感じたこともある。

そんなときに、たまにアマガエルの、高くよわよわしいビブラートのかかった声が入ると、心が洗われる。

ただし、一瞬の気分転換がおこなわれたら、アマガエルの声は牛ガエルの声に駆逐されるのだが……。

まあ、こんな低い声に仕方がなく付き合ってきたが、ひとつだけよかったと思ったことがある。

ニュースを担当していたときに、低い声のほうがニュースが聞きやすい、と言われたことだ。

オンナとしては損ばかりしてきたこの太い声だが、この声が生計を立てる役に立つとは。捨てる神あれば拾う神あり。

だが、やっぱり、生まれ変わったら、高く可愛い声で生きてみたいものだと思う。それで一度くらい、「いやいや〜」と身をよじってみたいと思う。

他人の彼氏は見えてしまう

男を見る目がないと、家族からも友人からも評判の私だが、他人の彼氏はちゃんと見える。あれ、なんでなんだろう。

女友達と、彼女が付き合い始めたばかりの彼と一緒にブランチをした（よく呼ばれる。ウドウだったら盗られる心配がないから、という理由で気安く呼んでいることも承知の上で参加している私は、大人だ）。

その彼が、レストランで出てくる野菜の生産地を気にして、店員に尋ねている。オーガニックにこだわってる、とアピールしている。

瞬間、鼻が利く。

それ、あっきらかに、あなたの年齢からして、あなたご自身の趣味じゃなくて、前の若い彼女の趣味ですよねぇ。

いやもちろん、ほんとにオーガニック好きの男子が最近増えているのも知っていますけど、私ら世代の男性でオーガニックにこだわってるって、「身体《からだ》によくないものはいっさい口にしちゃいけません」と育てられたようなよほど裕福な家庭か、いずれにしろ、かなりレアなケースだと思う。

そしてわが友は、そんなことに気がつきもせず、

「前の彼と正反対で、今度はこんな繊細な男性にしてよかった」

と、満足げにほほ笑んでいる。

言っとくけど彼女は、野菜なんて洗ってなくても食べちゃう、ぐらいの生活と性格してますから、と教えたくなる。

この後、大変だろうな。彼が、

「これ、オーガニック？」

って聞くたびに、わが友はきっと、

「じゃあんた、今までインスタントラーメンとか食べてないっていうの？　今さらオ

ーガニック食べても間に合わないくらい、保存料たっぷり使ったお菓子とかいっぱい食べてきてるでしょ」

と、切れる。

そんなシーンがいずれ確実にやってくることは、目に見えている。

祈るべきは、せめてこの趣味が、元カノの影響だと知られないことだ。そんなことが今の彼女の知るところになれば、アンチオーガニック三昧《ざんまい》となると思う。

くわばらくわばら。

明らかに女癖が悪い男も、わかる。

あれも、不思議ですよね。

周りの目には明白なのに、本人には不明。

どれだけ臭い事実を周りから突き付けられても、「私だけは違う、私にだけは特別」と思いこんでしまうんですよねぇ（私も含め……）。

友達が、二股《ふたまた》をかけられていたことがありました。

いやあれは、下手すると五、六人いたかもしれない。それができちゃいそうなほど、マメな男でした。

なかなか会ってくれない彼への不満を聞くたびに、

「ずぅえったい女がいるって！」

と助言したくなるけど、こういう事実は、たとえどんなに仲良しの友達だとしても、言うタイミングを間違えると大変なことになる。

だから、黙っておりました。

そういうことは早く言ってあげるのが友情だって？

いやいや、恋の始めって、普段と違うおかしい思考になっていますもん（私も含め……）。

人格変わったのか？　知能が落ちたのか？と思わせるほど、人の話をまんま聞けない。

よくまぁあれだけ、自分の恋に都合のいいように編集してリスニングするわ、と感心するほどです。

だから、言うだけムダです。

恥ずかしついでに暴露しますと、かつて金払いの悪い男を、ムダ遣いしない経済観念がしっかりしているタイプで将来設計がまかせられるかも、なんて思っていましたが、後に、他の女性には金払いがよかったという事実を知らされました。あのまま将来を任せていたら、完全に吸い取られた上で捨てられてたな、というパターンです。

そんな自分の話は置いておいて、友達の話に戻すと、その彼が、ほんとにマメなんです。

そりゃ誤解するわ、というほど。

ほんの一言だけど、一日に何度となく、ちょっとしたときにメールを送ってくる。夜は、「五分だけ」というルールを決めた上で、毎晩電話をかけてくる。あれはきっと、数分×複数人で、電話タイムが決まっていたに違いない。

そして、週に一回しか会ってないのに、まるで週七日どころか八日は君のことで頭がいっぱいだ、みたいに思わせる。

でも、ばれるんですねえ。

だって、マメにしなきゃいけない女が複数いるんですよ。そりゃ、メールを送る相手を間違う確率が高くなるのは、いたしかたないことです。

「○○ちゃん大ちゅき〜」

っていうメールを、△△という名の私の友達に送ってしまったわけです、彼。

そのメールを見せられたとき、私は思いました。

「ああ、ようやく友を救う時が来た。今が真実を告げるチャンス！」

で、身を乗り出したら、

「それがね、これで私、ワ～っ許せないって‼　彼に泣きながら電話したら、『あれはペットの名前だよ』って言ったのよ～。もう私、やきもち焼いて恥ずかしかった～」

「……」

なんとその彼、ペットを買って、その感動をすぐに彼女に伝えたくて、メールを送った、そうです。

ペットショップでペットを購入して、すぐに○○っていう女の子の名前付けて、しかもそれをちゃん付けで「大ちゅき～」って、説明もなく送るか。

それまんま本当だったら、逆に怖いよ。常識で考えたらわかるだろうよ、と思いますが、そこはそれ、常識が通用しないのが恋です。

友達を売るような文章を書きましたが、先に告白したように、私も同じような経験をしてきました。

いくつになっても、恋って、人には見えても、自分には見えない。

そういう摩訶《まか》不思議なもの、なんでしょうねえ。

ほどほどの美貌《びぼう》

五十代の視聴者から、「さりげないほどほどの美貌」であるという、滅多にこないお褒めのメールをいただきました。

お褒めの言葉と最初は受けとったのですけど、なんか、喉《のど》もとに骨がひっかかった感じがする……。

視聴者様からのお言葉、どんな言葉でもありがたく受け止めます。けどこれ、素直に受けとめようと思えば思うほど、「さりげない」「ほどほどの」美貌って何だろう、と。

言葉の意味を正面から受けとって分析すると、「ほぼない」もしくは「微量の」美貌、ってことじゃないか、と。

喜んでいいやら悲しんでいいやら、分からなくなってしまいます。

まったく、視聴者って、気楽に鋭利な言葉を送ってくる……。

しかし、その後よくよく考えてみたのですが、ほどほどの美貌って、実は女として最強なんじゃないか？と気が付いたんです。

だってまず、女って、他の女の美貌が嫌いじゃないですか。

え？　そうでもないって？

いや、女子ならば絶対、人生一度は、隣のこの子よりは私の方がカワイイと思ったことがあるはず。

もしくは、自分は美人だから人の美貌があまり気にならない、という方！　そういう方の七〇％が思い込みで、客観的な評価では、こっち側の人間のはずです。

ま、総じて、きれいすぎる女って、他人に対してよくも悪くもいろいろ影響を与えるわけです。

男どもは美貌が大好きだから、親切にされちゃう。

それをうらやましく思う女からは、疎《うと》まれる。

性格が悪いわけじゃなくても鼻にかけているように見られちゃったり、ちょっとした言動が思いもかけず損につながっちゃうことも多い。

その点、ほどほどの美貌は有利です。

男子にとっては、超美貌よりは近づきやすいし、でもほどほどでも美貌には変わりないから、手にしたい、いや言い過ぎか、手にしてもいいと思う対象になりやすい、に違いない。

一方、女子にとっても、あの人きれいだけど、見ようによっては私の方がきれいかも、なんて気持ちにさせてあげることが可能。

なので、お友達になりたいタイプ、となりやすい。

実際、ほどほどなだけに、ほどほどのちやほやもされる。

けれども、本物の美貌が横に来たときには辛酸をなめることになる。

ゆえに痛みも知っていて、謙虚を装《よそお》うタイミングもよくわかっている。

というわけで、幅広い人たちに、つき合いやすいと思われる術《すべ》みたいなものを身につけているんですね。

ほどほどの美貌って、人生トータルで見ると、得なんですよね〜。

こう考えると、私にメールを送ってくださった視聴者さんは、そこまで解釈して最高の褒め言葉をくださっていたというわけですね。

ありがたや。

「ほどほど」の意味がわかったところで、あとは「さりげない」というよけいな形容についてですが、これも解釈の仕方しだいで、どう捉《とら》えることもできるというものです。

というわけで、ありがたくお褒めの言葉として心に刻んでおきます。

(おまけ)

他人から自分の美貌が評価されてないと感じている方々に……。

以前、脳の本を読みあさったときに知ったのですが、脳ってほんとによくできていて、自分が見たい映像だけをピックアップして見ることができるそうなんです。

だから、あなたが鏡で見ているその顔が、実は他の人が見ているものと同じかどうかはわからない。

つまり、私美人なのにモテない、おかしいな、と思っている方は、脳がついつい自分の見たい映像だけを切り取っている恐れがあります。老婆《ろうば》心《しん》ながら……。

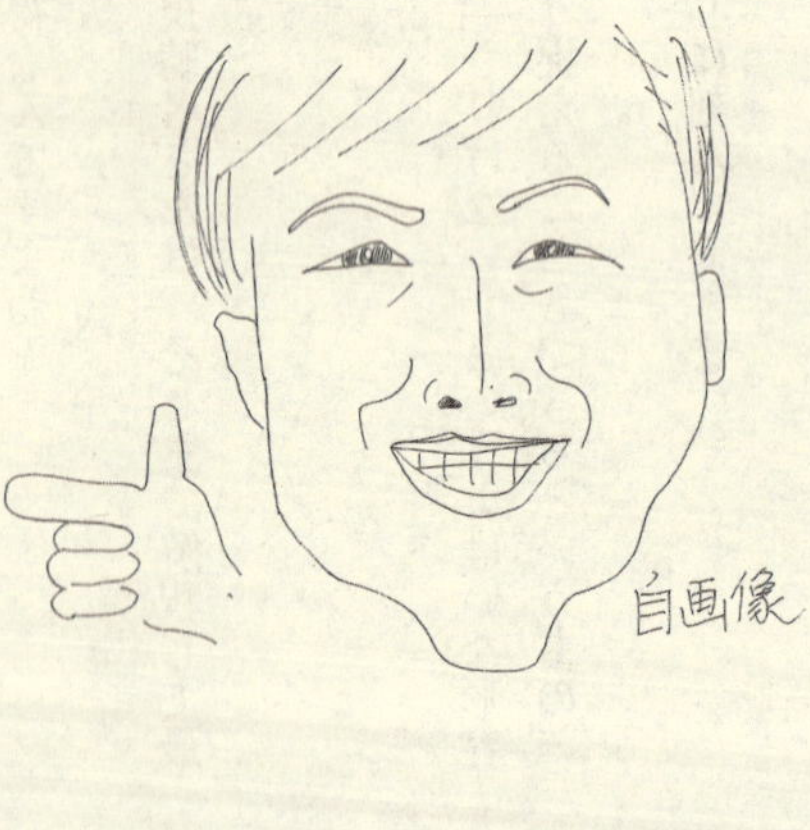

私の個性、私が思う個性

最近やたらと後輩から、

「個性ってどうすれば出せますか？」

と聞かれる。後輩のみならず、母となった友人たちからも相談を受ける。

「私の個性が、ママ友たちに分かってもらえないのよぉ」

面倒くさいなと思うものの、大人で、後輩・友人思いの私は、一応親切に返事をする。

「そういう本、たくさん出てるから読んでみたら～。『○○の力』みたいな本、いっぱいあるじゃん」

と。まあ、私は読んだことは無いけれど……。

「いやいやそういうんじゃなくて、あんたのように素をわかってもらって、素で人と付き合えるようになりたいのよ」

あ〜恐ろしい。なんてことを言うんだ。

素で他人とつきあうなんて怖いこと、私はできない。

もう四十も過ぎた男女には、現実を教えてあげる。

「だいたいさ、素の自分を分かってほしいとか、素の自分を表現したいなんて、四十過ぎたら思わないわよ。っていうか思えなくない？　シロいところからクロいところまで、サラサラなところからドロドロなところまで、キヨいところからズルいところまで、ぜ〜んぶ兼ね備えているのよ、私たち。

隠そうとしても隠しきれない、削《そ》ぎ落とそうと思ってもこびりついてしまったこの素の自分。そんなもんすべてを、他人はもちろん、親兄弟にだって、見せられないわ。見せたくないわ」

私も若い頃は勘違いしていたが、素と個性をごっちゃにしちゃいけない。

個性は個性で、素は素。

素が、いろんなものを兼ね備えたそのままの自分だとしたら、人に見せる個性は、そのごごく一部だと、私は思っている。

　そして素を、すべてをわかってもらえれば、理解し合えるとか愛されるというのが仮にあるとしたら、それはまだ重なりがうすく色彩の淡い若人《わこうど》のみの特権であって、よくも悪くも年月を重ねるなかで、心身ともに色濃く沈殿してしまっている私たちには、残念ながらもうそのチャンスは非常に薄い、と思う。

　だから、素の自分を見せたい、分かってもらいたいというのはナシとして、じゃあ個性って何なのよ、分かってもらうにはどうすればいいのよ、という点について。

　私が個性というものを自分なりに正しく意識したのは、社会人になってからだった。入局して大阪放送局に赴任。新人でラジオニュースを担当させてもらい始めた頃、原稿の下読みをしに行った。

　ニュースを読むときには、本番前に「下読み」という作業をする。デスクに原稿をもらい、まず黙読して一つひとつのニュースの意味を取り、そのあと声に出して読み、原稿が聴く人に分かりやすく書かれているか、読めているかを、チェックしていく。

　新人のうちは、ニュースが意味通りに伝わるように読む技量が足りないため、ひとつのニュース原稿を何度も下読みしてからオンエアを迎える。

あるとき、原稿を下読みしていて、「紫綬褒章《しじゅほうしょう》」という漢字が読めなかった。お恥ずかしい話である。

記者のデスクに、こっぴどく怒られた。

なんでこんな漢字も読めないんだと問いつめられ、当時はうぶでまじめだった私は、必死に、なぜ私は読めないのかをびくびくしながら考えたすえ、

「それをもらったことがないからです」

と、答えた。

私は大まじめだったが、ふざけているのかとデスクが沸騰《ふっとう》したのは言うまでもない。

事実ではあるが、伝えるべきではない返答だった。

そんな読み間違いもさることながら、大阪育ちの私は、アクセントの矯正も大変だった。

前出のラジオデスクは私が下読みをしている間、そばでずっと聞いてくれて、間違うたびに眼鏡の奥の大きな目を見開いて、ため息をつく。目を見開いたときの音が聞こえるんじゃないかというほど、私はそのデスクの動きに集中しているから、体がビクッと反応し、そこからまた読みがメロメロになる。

今となっては、そこまでしっかり見ていてくれたことへ感謝の気持ちでいっぱいなのだが、社会人一年生の身には、その下読みが怖くて怖くて、デスクの隣に座るのが恐怖と化していた。

ラジオは、毎時ニュースがある。担当の日は、一日に六回もそのデスクのもとへ行かねばならなかった。

あるとき、私のアナウンスのあまりの質の低さに辟易《へきえき》されたのだろう、

「どうして君が大阪のような大きい局に来たんだね。もっと上手で綺麗《きれい》な、相応《ふさわ》しいアナウンサーが沢山いるのに」

と、個人名を出して比較された。

さらに、「君は報道のアナウンサーにはむいていない」と断言された。

周りで聞いていた人たちが後でこっそり慰めてくれたが、私にとっては、そのデスクの言葉のほうが、後にずっと大きな意味を持った。

確かに、私より相応しいアナウンサーはいっぱいいる。

どこかで気が付いてはいたが、自分の存在が特別ではないという事実を認めるのが

怖くて、逃げていた。

けれど、同じような努力では綺麗な容姿にはなれないし、美しい声にもなれない。同じことをしていたのでは、私なんて特に必要とされない存在となってしまう。私はこれから、こんなにも沢山のアナウンサーの中で、どうやって仕事をしていけばいいのだろう。

初めて、大勢の中での自分の個性、というものを考え始めた。

それまでは、自分の性格や個性を、星座占いや血液型占いにまで頼って認識しようとし、それをどう人さまにわかってもらうかに神経を注いでいた。

だが、そうして認識した自分は、自分に都合のよい自分の勝手な個性であって、「他人から見た個性」ではないのだということを、恥ずかしながら、社会人になってしばらくするまで割り切って考えられなかった。

いくら自分が、こんな私の個性を分かってほしいと思っても、他人の目に映るのはそれとは違う。

そのことを認識していないと、理解されない、分かってもらえない、ということになる。

正直私だって、せっかくNHKのアナウンサーになったんだから、正統派で落ち度の無い、高嶺《たかね》の花のようなアナウンサー像を抱いてもらいたい。実際、そうあるべくふるまおうとしてきた時期もあった。

でも、まったくそんな風に受け取ってもらえなかった。

今やどこを歩いていても、平気で「ちょっとちょっと」と、肩を叩《たた》かれたり、腕をもまれたり、頭をなでられたり、買い物袋からほうれん草の束を半分もらったり、「じゅうぶんかわいいよ、大丈夫」となぐさめの言葉をかけられたりする。

手の届かない存在になるはずだったのに。こんなはずじゃなかったのに。

つまり、そういうことだと思う。

私は、どんな場所に、どんな立場でいて、どういう仕事をしていて、何歳で、どういう容姿なのか。

それもこれも含めてすべてみている他人が、私のことをどんな個性の人間だと思っているのか。

それさえ摑《つか》めていれば、あとは楽になる。仮にそれが、自分が思う本当の自分とは少々ずれていても、それは自分の素を理解されていない、ことにはならない。逆に、なぜ私はこう受け止められているのかと考えると、自分には見えていなかった自分の個性が見えてきたりする。社会の中での個性とは、そういうものじゃないだろうか。

私の場合は、容姿やアナウンス力では勝負できない。となると、さあ、なにをよりどころに個性を考えればいいのか。そこで思いついたのが、自分で取材して、自分で原稿を書き、自分のネタで企画リポートを作るということだった。自分で見つけたネタなら、他の誰でもない自分のものだと思った。

しかし、ジャーナリズムの世界がそんなに甘いはずがない。新人のころは、ラジオの三分の企画でも、何度も何度も提案を落とされた。取材に取材を重ねたつもりで会議で自分の案をプレゼンしても、即座にその取材の甘さをアナウンサーの諸先輩から嫌というほど指摘された。そのたびに追加取材をしにいく。当時はメールなどないから毎回足を運ぶので、相手にうんざりされることもあった。

もうお願いだから目をつぶって提案を通してほしい。

先輩を恨んだこともあった。ようやく提案が通り、いざ収録を終えて編集する段になっても、現場でしてきたインタビューの質問、一つひとつの至らなさを指摘された。新人のときに初めておこなったリポートのときは、先輩なら一時間で終わる編集に、まる二日もかけてしまった。

その間、先輩は夜中まで何も言わず、ただただ待ってくれていた。稚拙ながらも苦しみながら出したその放送が無事終わった時、私以上に喜んでくれたのは先輩だった。

取材の甘さへの指摘は私という人間の生き方、ものの捉え方への問いかけでもある。他人のためにそんな大変な作業を先輩たちがしてくれたおかげで、今の私の個性がある。

と、先輩のお世話になった私は、後輩のお世話をしようとしてしまう。だから冒頭に戻って、「個性を出したいのですが」という後輩とは、こんな問答になる。

「個性は相手が感じるものだからねえ。だから、客観的に自分をとらえることが大事だと思うよ。

え？ じゃあ私の目から客観的に見てあなたはどうかって？ いやいや、それを伝えるのはどうかな。私、冷静っていうか、冷淡だから。聞かない方がいいと思うよ、ほんと。

え？ ほんとに傷つかない？ 知りたい？ そっか、じゃ、言うよ。いいのね、ほんとにいいのね。あくまでも私の考えだから、一意見として参考にしてね。それ、約束してね。

まずね、あなた、自分が思ってるほどハンサムじゃないのよ。画面を通すと。だからまず、その作り笑顔やめようか。今はいいけど、四十代になると通用しなくなる笑顔だから。

あなたの良さは、隠そうとしても隠しきれない品の良さだと思うんだよね〜。だから、ちょっとやそっとハメを外したって大丈夫。今は、自分の容姿への意識と、ニュースキャスター然としなくちゃって気持ちが強すぎて、良い子ちゃんぶってる感じになっちゃってる。

あとさ、ものの見方が予想通りだから、もっといろんな見方をした方がいいかな。いろんな人と付き合ってみた方がいいよ。女じゃないよ、いろんな老若《ろうにゃく》男女ね。不良から聖人まで、いーっぱい、いろんな人の話を聞くと、その人の視点はもちろん、話し方や間も感じることができて、それが自然と身について自分の引き出しになっていくんだよ。

いや～あなた、時間とともにいい味出ると思うよ～。

あとその声、いい声すぎるから、気をつけてね。長所に酔わない、頼らない。

これ、鉄則！」

なんて親切なのだろう私。

相手の今後を思えばこそ、嫌われるようなことでも伝えてしまう。

そんな、自分の優しさが怖い。

と思う間もなく、私の言葉を攻撃と捉えた相手に反撃をくらうことも。

「有働さんだって、そのつけまつげは勘違いだ」（↑美人キャラじゃないのに、見栄《みば》えを気にしてるってか？）

「わき汗キャラとか下ネタキャラとか分かりやすいキャラで満足している感じが古い。バブルの時代の人っぽい」（↑絶句）

こんな本質をつく返しに、不意を突かれて驚いてしまう。

つまり、ワタクシも偉そうなことを言いながら、まだまだ冷静に、他人から見た自分をつかんでいないようです。

あ〜難しいな、個性。

クロウドウ語録

番組にご出演くださる、まさに〝ゲスト〟＝お客様に対して、ファックスやメールを送ってくださるありがたい視聴者に対して、なぜだろう、つい口を衝《つ》いて出てきてしまう。

クロいというか、本当に聞きたい、でも明らかに場違いな質問や見解。

思いつくだけでも並べてみると、自分がコワい……。

●世界的に活躍しているアーティストの村上隆《たかし》さんが、スタジオにいらっしゃって、作品についての哲学を語られた。

そのとき……。

「私たちでも描けそうな絵が、何億円にもなるというのは、計算されて描かれているんですか？」

●内田裕也《ゆうや》さんがご出演くださったとき、番組冒頭の出演者を盛り上げるタイミングで……。

内田さん「俺なんかNHKに出ていいのか」

とっさに私「NHKも賭《か》けに出ました」

●普段から、顔かたちが似ていると言われることが多かったイモトアヤコさんが出演されたとき……。

いのっち「有働さんが髪切ったから、イモトさんと髪型が似てるってのもあるかもね」

私「え!? 髪は映画『ゴースト』のデミ・ムーアをイメージしてたのに」

イモトさん、言葉無し。

●ビールの話題で、「ビールの苦さが苦手ぇ」という街角の若い女性のインタビューが流れた直後……。

「ビールの苦さが苦手って、かわい子ぶりっこしてるだけだって」

その後に寄せられたファックスで、

「かわい子ぶりっこ、って昭和テイストな」

「かわい子ぶりっこなんて、死語」

と反撃を食らいました。

●子供の性を取り上げたとき、「息子が草食系というか、女の子に興味があるのかどうか、デートをしたりつきあったりする様子もなく、このままで大丈夫かと心配だ」という母親の悩みに対して……。
「いつか肉食系女子に食われちゃいますから、大丈夫でしょう。だいたい」

と、言ってしまった。

息子もいないのに、オンナ目線で答えてしまった。

ごめんなさい。

●綾瀬《あやせ》はるかさんがご出演の際、視聴者から「どうしたらそんな風にきれいな肌になれますか？」と多数のご質問をいただき、
「ま、同じことしたからって、綾瀬はるかになれるわけじゃないんですけど、一応教

えてあげてくださいますか？」。
●そして若かりし頃、父親と同世代のニュースキャスター・今井義典《よしのり》さんと一緒に番組をしていたとき……。
樹齢〇年という桜についてのリポートを受け、なぜか思いついて、

「ワタシのお隣には樹齢五十年がいらっしゃいます」。

穴があったらというか、穴を掘って埋まってしまえというくらいの無礼。

また、今井さんが地方の放送局からのリポートを受けて感想を述べたときは……。

バブル崩壊で途中で工事が中止になったゴルフ場の一部を村民が五百円で利用できる施設にし、それが村民に愛されているという話題だった。

今井さん「五百円だったら、毎日できて私も上達するかも」

私「あ、でも、ゴルフって、いくら練習してもうまくならない人はならないですよね……」

これは、まだ二十代中頃のことです。お許しください。ごめんなさい。
あ、そうか。二十代中頃から既に、クロかったってことですね……。

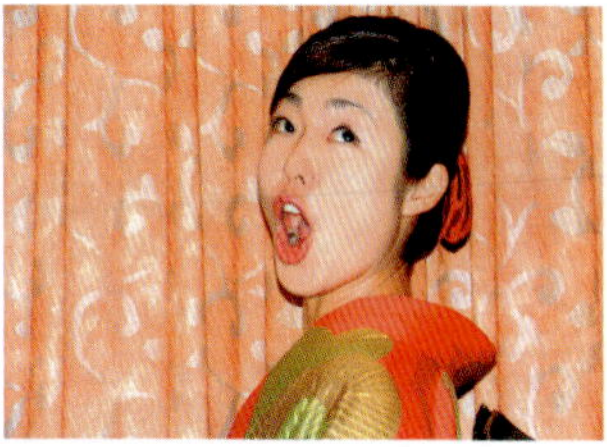

紅白歌合戦

衣装合わせ

↓

打ち上げ……

ジルに撮ってもらった写真。
なぜか背後霊にとりつかれたような仕上がりに……

5 白ウドウ

実はワタシ、小心者なんです。
ヘンなところで気にしてしまう。
けっこうやっかいなんです、このシロさ……と
いうアピールが、もうシロくはないですって?

小心者シリーズ①　お見合い編

親にまで悪態をついた。

「だいたい、娘を持つ親たるもの、お見合いのひとつやふたつ、持って来るもんなんじゃないか。

本人が忙しい上に意外にシャイだということは、世界中の誰よりもわかっているはずなんだから、そのくらいの配慮をしてくれてもバチはあたらないんじゃないか。

三十超えた娘を放っておいて心配じゃないのか」

子供って本当に傍若無人。怖い。こんな恥の極致のような発言を親に対しては、してしまうのです。

いま思うとお恥ずかしい限りですが、三十過ぎのあの頃は、仕事の責任をとるのでいっぱいいっぱいで、プライベートの決断を自分ひとりで背負うなんてとても無理、無理と、その一端を親に背負わせようとしていた。

そのときの母は、この娘はまた虫の居所が悪いのだろう、適当に相手をしておこうと思ったのかと思う。はいはい、と聞き流していた。

が、しばらくして、持って来た。

釣書《つりがき》を。

悪態をつきながら要求はしたものの、ホントに探してくるとは思わなくて、少々おののいた。

自分にお見合い話が来たというちょっと面映《おもはゆ》い気持ちと、もっとストレートに言えば、ほらほら、アタイまだまだ売り物としてイケテルのよ、というなんとも言えぬ歪《ゆが》んだ満足感のようなものもあった。

しかし一方で、「いいのか、私はお見合いで将来を決めて」という気持ちも拭《ぬぐ》えない。

周りの友人たちは、大恋愛か、まあまあ打算入りの、いずれにしても恋愛で結婚した。にもかかわらず私は、これだけ独身生活を謳歌《おうか》してるように思われていたのに、結局出会いを他人頼りにしてしまった結婚か。

本当にそんなことになったら、友人たちになんて思われるだろう。だったらもっと若いうちにお見合いしとけばよかったじゃん、ってことにならないか。

あんなに独身生活が長かったのに、結局言いよられなかったのかしら、とかいろいろと痛くもない腹を探られるんじゃないか。

やっぱり恋愛による出会いにかける方がいいんじゃないか、と逡巡《しゅんじゅん》した。


ところが。

いやもう、お見合い、一度してみたら面白くて楽しくて、そして深くて。

それからというもの、周り中にお見合い紹介お願いします、と吹聴《ふいちょう》した。

お見合いをしたことのない方の中には、古いしきたりでありえな～いと思っている方もいるかと思うが、もう全然違うんですよこれが。


どこが、どう素敵か。

まずお見合いは、合コンとか友人の紹介とか、たまたま忘年会で隣に座ったとか、そういう不確定要素満載のもと出会うのではないわけです。

初めて顔を合わすそのときから、友人とか恋人という段階を飛び越えて、生涯をともに過ごす相手として面会する。

「う〜ん、友達以上恋人未満かな」「ちょっとつきあってみないとわからないな」とかじゃない。

「この人と一生、一緒にやっていきますか、いきませんか？」って問いから始まるわけです。

自然な成り行きを重視するこの時代にあって、不自然きわまりない出会い方。しかも仲介者が存在し、どうだこれとこれは！とそれなりの経験と知識と人脈と、ちょっとばかしの好奇心をフルに働かせてカップリングしてくれる。それなりのプライドもかけて臨んでくる。

真剣勝負です。

適齢期の男性と女性、両親、そして仲介者が「どうかうまくいきますように」という願いを込めた瞬間。

こんなシチュエーション、（誤解を恐れずに言いきります）面白くないわけがないでしょう。

だから私、「一回お見合いしたけど、自分にはやっぱりお見合いは合わないや」なんて人の気持ちがわからない。楽しいですよ、お見合い。

とことんなに強調すると、楽しむなんて不謹慎なと思われるかもしれないが、もちろん、楽しむために行っているわけではないのです。

こちらだって、真剣勝負。毎回、全身全霊、精神統一、全力投球で臨む。

でも、終わった後で一歩ひいて振り返ってみると、やっぱりほんとに楽しいのです。

最初のうちは、相手を見るのと、自分を実物の三倍大くらいに見せることにいっぱいいっぱいで、なかなか楽しむまでにはいかない。

それどころか、なんとかうまく成立させられないかという気持ちで会うために、相手のいいところばかりを見てしまう。

でも、それが大切。とにかくお見合いをするうえで大事なのは、「長い目で見る」ことなんです。

恋愛は、目の前の幸福と不服に、大いに振り回されるもの。

が、お見合いは違う。目の前ではなく、長い目で見た幸福を考えるわけです。十年後、いや四十年後にこの相手でどうか、を見極める作業。これを繰り返していくうちに、私は気が付いた。

長い目で物事を考えると、小さい不服は気にならなくなるんだ、ということに。

例えば、

・洋服がダサい→私が好みの服を揃《そろ》えて着せてあげればいい。

・顔が大きくて髪型も変→だいじょうぶ。会社の社長ってだいたい顔が大きいもん。大物になる証《あかし》だ。髪なんて、そのうちみんな薄毛になったり禿《は》げたりするんだからいい。

こう考えていくと、長い目で見たときにチェックすべきポイントは、その人のお人柄、性格だけになる。お見合い十回目を超えたあたりから、そのことに気が付いた。

ただ、大事なことがわかったはいいが、そこで大きな問題が。

性格を把握するのが、一番難しいのです。

残念ながらお見合いの場合は、一、二回会った時点で、気に入ったか、今回は見送るかお答えしなくてはいけない。でも、そんな短期間で人を見極められるほど、人間できていない。

えいや！と勘に賭《か》ける勇気があればいいのだが、私のように自分の決断力に自信のない人間は、

「えっと、いや気に入ったのは気に入ったのですが、ビビッとはこなかったのですが、今すぐ決めろと言われたら、今回は……」

とぐずぐず言うばかりで、こうなると、いつまでたっても何も手にできないわけです。

あとからその相手が、あのあとすぐに結婚決まったよと聞けば、しまった、と惜しい気持ちで一杯になり心掻《か》き乱されるも、

「やっぱりそうですか、素敵な人でしたもの。私には過ぎた方だったんですよ～」

と歯ぎしりしながら微笑《ほほえ》んでみたりせねばならない。

そんな私でしたが、あるとき、あり得ないほどのお見合い相手に遭遇したんです。非の打ち所ひとつない、素敵な男性。年のころもちょうど五つほど上。その男性の

容姿、お人柄含めて、なにもかもが、恋愛では私に降ってくることはありえないような、完璧《かんぺき》な男性だったんです。

ああ、お見合い制度、ありがとう。

普通の恋愛自由市場だったら、私のようなものには目をかけてもくれないような上物だ。仮に出会ったとしても、きれいでかわいらしいモテ女子がかっさらって行く。確実に。

でも、お見合い制度のおかげで出会えた。

たとえ断られても、目の保養、目の保養。この一回だけでも十分。

え？　歩くんですか？　公園を？

ぜひ公園中の皆さん、私たちに注目してください！とアナウンスを流したいくらい。

てなぐあいで、お見合いの間中みっともないくらいデレデレした顔をしていたと思う。

ま、でもこれまでの人生を振り返れば、そんな男子が私なんぞの手に入るわけがない、という心づもりもちゃんとしていました。

そうしたら、なんと、相手も気に入ってくれたというではないですか。どうしちゃったんだろう。

すごいな、お見合い制度マジック。

こんなイリュージョンみたいなことがあるのね、と一瞬浮かれたものの、すぐにブレーキがかかる。

いや、これ絶対おかしい。やっぱイリュージョンだわ。なんかウラがあるはずだ。

実はすごい借金を抱えていて、結婚したとたんに私は売り飛ばされるとか。ひどく意地悪なお姑《しゅうとめ》さんがいて、こっぴどくいじめられるとか……。

あっという間に不安になって、二度目に会うときは、いろいろとさぐりを入れてみたりしたが、どうツツいてもすばらしい人度が増すばかり。

そのうち、周りの人たちの評も入ってきたが、これまた完璧。

もう神様の気まぐれでも何でもいいわ、このチャンスいただきます、と私はすぐさま親に電話して、二オクターブくらい高い声で、二倍速の早口で話した。

「お母さん、完璧な人です。待っててよかった。もう二度と人生で会えないくらい完璧な人です」

ところが、だ。

私はそのお見合いを断った。

お目にかかってから三、四度目だったか、食事をして送ってもらった夕暮れ、家の近くの坂道の途中で、

「結婚を前提に正式につきあいませんか?」

と、言ってもらった。

ああ、来た。

とうとう私にも来た。

苦節三十数年。長かった。長かった、ここまで。

でも、生きてきてよかった。

どうして私はこういうセリフを言われないのか、真剣に悩んだ日も少なくない。

そうした日々を乗り越えて、今目の前で、ま

さに夢の状況が展開されている。

もちろん私の答えは、

「はい！　よろこんで！」

のはずだった。

なのに……。私は、「えっと、ごめんなさい」をしていた。

四十を過ぎた今なら、絶対に絶対に「イエス」だ。

というか、その場で、やりとりを録音してたかもしれない。あとで撤回されないように。

もしくは、そのまま役所へ直行だ。

なのに、あのときは直感で、私はごめんなさいをしてしまった。

家に帰ってからも、なぜそうしたのかわからずに、落ち込んだ。

どう考えてもおかしい。もう二度とない相手だ。

でも、「やっぱりＯＫです」と電話する気にはなれなかった。

今思うに、私は、逃げたのだ。

あまりに相手が素敵すぎて、自分では釣り合わないんじゃないかと。

こんな私では相手ががっかりして、いつか嫌われてしまうかもしれない。周りにも、釣り合わないと冷笑されるかもしれない。傷つく自分が嫌だ。そんな気持ちがあったのだと思う。

今なら、仮に相手にがっかりされようが、周りから冷笑されようが、したもん勝ちだと思えるのだが、当時の私にはまだ、身の程をわきまえるという恥じらいがあった。

そして、自信のなさをごまかす手段は持ち合わせていなかった。

ああ、小心者だ。小心すぎる。

あのころの私に言ってやりたい。

そんなことをしているから、四十を過ぎて、まだこんな状態なんだよって。

後遺症は四十を過ぎた今も残っている。

あれ以来、トラウマになっているのか、すごくハンサムとか、見た目が素敵な人のお見合い写真が送られてくると、見たとたん、会いもしないで速攻お断りするようになってしまった。
いまだに小心者の私です。

太る

なんだろう。この気持ちは。

本当に自分が嫌になってしまう。イライラというより、もういい、もうどうでもいい、私なんてどうせ何をやってもダメだ、もう何もかも嫌だ、と自分を全否定したくなってしまうほど自分に嫌悪《けんお》感《かん》を持ってしまう。

なんでこんな無駄な肉を、私は落とせないんだ。

こんな気持ちを、人生で何度となく味わって来た。

太るたびに、である。

一度めは、大学受験のときにやってきた。

それまで男子剣道部とともにハードな練習をこなし、食べても食べても太れずに悩んでいたのが、部活動を引退したとたん太った。

みるみるうちに、まるまると太った。食事量は同じで運動は無し。当たり前だ。

当時の写真を見ると、せつなくなる。青春のまっただ中、〝制服の胸の第二ボタンをもらいに行ったり〟するイベント時に、体重オーバーで過ごしてしまった。

大学生のときも一度は痩《や》せたが、女子高あがりの友人たちがダイエットを目的にメニュー選びをするところを、共学上がりの私はコストパフォーマンスを重視。生来の貧乏性と、「残したら罰が当たる」という言いつけをむやみに守ったこともあり、またすぐに太った。

おかげで、何のご利益《りやく》もないバブル時代の女子大生だった。

社会人になり、環境の変化による緊張感からか、痩せた。

しかし、二五歳で朝のニュース番組の担当になり、眠気を払うのに一日六食くらい食べていたら、あっという間に八キロほど太った。

当時の写真は、未《いま》だに「不細工なあのころ」的なネタとして使われる。

そのとき憧《あこが》れていた先輩がいたのだが、デリカシーの無い人で、「ずいぶん重いでしょ」と言われた言葉がショックで、痩せることを決意した。

とにかく、ジム通いした。休みは一日ジムで過ごし、ボクササイズやらエアロビクスやらのクラスを、続けて四クラス受けたこともある。

最終的に痩せはしたが、腹筋が割れすぎ、筋肉がつきすぎ、歩き方が超合金のロボットみたいになっていた。

やりすぎた。

その後も、アメリカでオイルとシュガーと炭水化物を遠慮なくいただいていたら、あっという間にまた八キロ太ったが、それでも周りのアメリカ人に比べると細い方で、「YUMIKOはタイニー（細い）だ」という、いい加減な褒め言葉に乗り続け、おかげで赴任中、太り続けていた。

太ったときの気持ちは、太ったことのある人でしかわからない。

恋愛はおろか、仕事の失敗、人間関係のほころびまで、太っているからだと思い込む。

太る体質に生んだ親を恨み、胃下垂で痩せている友人をうらやみ、最後は美味《おい》しいケーキを作る職人を恨んだ。

古代ローマ時代、貴族は食べては吐くを繰り返したというから真似《まね》てみたら、吐いたときに顔中の毛細血管が切れ、目が腫《は》れ、顔面総内出血となってしまった。

油をカットするとかいうダイエット錠剤を飲み続けた時期もあるが、最後は味覚がおかしくなってやめた。

全然痩せなかった。

摂《と》ったカロリーを無しにすることはできない、というごく簡単な常識でさえ、太っているときには思い出せないのだ。

そしてやっかいなのは、一度痩せたときの記憶が、運動さえすれば痩せる、と思い込ませてくれることだ。

いつかは痩せよう、いつかは痩せる、本気を出せば、と信じていた。

しかし、現実は残酷だ。

中年は、痩せない。努力や本気では痩せない。

皮や肉が品質劣化し、古いタイヤのゴムさながらだ。痩せたとて、弾力のあるゴムはもう戻ってこない。下手をすると、ボロボロと朽ち欠けてしまう。

それでもやはり、いやだからこそやはり、太った醜い自分の姿に人生の終わりまで感じてしまって、なんとかしたいと思う。

本格的にダイエットに取り組もうと思っていたら、同世代の女性が走ることを薦めてくれた。

確かにジョギングなら生涯スポーツとしてもいい、始めてみようかと思っていたら、薦めてくれたその女性が、みるみるうちに無駄な肉を減らしていき、そこまではよかったが、減りすぎてしわしわでごわごわになった。

中年には、肉の無駄は大事なのだと、自分にも周囲にも言い聞かせている。

小心者シリーズ②　昔の恋の捨て方編

「あさイチ」の本番中に、ゲストのタレントさんから、
「えっ！　昔の彼氏の写真とか思い出の品とか、捨ててないの？　あり得ない！」
と、ご指摘を受けたことがある。

あれは、捨てるものなのか、とあらためて気付かされた。

いやいや、芸能人だから、素敵な人が次から次へとやってくるから捨てられるのかもしれないけど、一般人で、しかも中の下とか下の中くらいの容姿の者にとっては、一つひとつがまるで奇跡のような出会いで、いただけるものはすべて大切な宝物。だから保存しておいて、ばあちゃんになったときに読み返したり見返したりして、私も捨てたもんじゃなかったという時間を持ちたい。

と、恵まれない者のせこい言い訳で、そのゲストの反応を打ち消した。

中年独身となった今や、その思いはさらに強くなる。

いずれそう遠くない将来、誰からも、食事にも何にも誘われなくなって、必要とされなくなる日が来たとしても、過去のこの思い出を見返せば勇気がわく。

「少なくともこの人たちだけは、一度は大事だと思ってくれていたんだ私を」

と思いたい、と。

多くの中以下の容姿の人たちはそう思っているだろうと、周りにいる、それくらいの容姿の人たちに声をかけまくって同意を求めたが……。

なんと！　多くの人が捨てる派だという。

「そんな過去、いつまでも振り返って何になるんですか？」

と言われたときには、

〈しまった、二十代にはまだわからんのだ人生の機微が。聞く人を間違えた〉

と思い、

「終わったことに執着していると、新しい出会いが減りますよ」

というアドバイスには、

〈この人、執着するほど愛することができないかわいそうな人なんだ〉

と、聞かなかったことにした。

極めつきは、

「自分の彼氏が過去の女性の思い出を大事にしてたら、どう思うんですか？」

という、なんともイタい指摘を受け、

〈いや、それはなんというか、まあわかんないように持ってくれていたらいいんじゃない？〉

と、答えを返すには返した。

それに、今の人のために過去を捨ててしまったら、別れたときに、

「あなたのために私の過去の品物も思い出も全部捨てたのに〜っ！　責任とってよ」

と、それまでの失恋の全責任までおしつけてしまいそうで、怖い。

今いくら好きでも、いつ別れるか分からないのだ。

が、しかし、世の多くの女性が捨てているということは、そこになんらかの真理があるのかもしれない。

特に、捨てちゃったほうが新しい出会いがくるのかもという説は無視しがたく、持論をあっけなく覆《くつがえ》し、とりあえず整理を始めた。

すると、まったくもって、過去に執着する人ならではの物持ちの良さで、一緒に行った博物館のパンフレット、どころか入場券やその領収書まで、ご丁寧に保存してある。

プレゼントの箱はもちろん、その箱を開けると、リボンに包装紙、中の薄紙まで几《き》帳面《ちょうめん》に折っていれてある。

もっと驚きの品は、デート中に指の皮がめくれたとき、一緒にむいたその皮だった。密閉容器に入れて保存していた。

ここまでくると自分でも鳥肌が立ち、気持ち悪い、と突っ込まざるを得なかった。

写真は思い出深く、どれもこれも捨てがたかったが、相手というよりは自分の、今となってはあり得ない髪型や化粧、衣装のものをはじいていったら、ほとんどがそうだということが分かった。

写真って意外とかさばるなとか、突然死して、誰かの目にさらされたら恥ずかしいな、という思いもよぎり、写真は思いきって一掃しようと決めた。後ろ髪を引かれながらも、すべてシュレッダーにかけていった。家庭用のシュレッダーだったので途中で壊れてしまい、残りは自分ではさみで切ることになった。

写真というのは、せつない。撮る時は笑顔を作りポーズを決めて永遠に残る記憶として大事に撮るのに、捨てる時は切り刻んで捨てられるのだ。なんとも不憫《ふびん》な。感傷に浸るというより耐えながら、この世から抹殺した。

写真を整理した翌日。なんだかやっぱりすっきりした心持ちで、気持ちよく「あさイチ」のスタジオに向かい、本番前に人生指南の師と仰いでいるいのっちに、

「やっぱり、捨てるときは思いきって捨てないといけないよね～」

と得意げに話したら、

「写真を一枚だけ手許《てもと》に置いておいて、あとは捨てればいいよ。そんなにおばあさんになったときに振り返りたいなら」

と言う。

え、そうなの⁉

写真て、置いておくべきだったの⁉

いのっちはいつも正しい。

私は彼に絶大な信頼を置いているので、その言葉を聞いたときはショック死しそうだった。

確かに実際、思い出の品をバラバラと保存していても、これ誰からもらったんだっけ？とか、この指の皮、ほんとにデートの時のあの皮だっけ、高校の剣道部の練習中にめくれた皮も保存した気がするけどそれだったかも？とあやふやだ。

そうなると、思い出の品というのも、ほとんど曖昧《あいまい》なモノを集めた山に見えてくる。

ああ、保存すべきは写真だったのか。

思い切り処分しすぎて、ネガも何もかも、もうこの世にない。

今のデジタル時代と違って、どこかに保存されているかも、とかもない。

あきらめるしかない、心の中に思い出として刻んでおくしかなくなった、刻んでおけばいいのだ、そう心の中に……と、大人な結論に至った。

だが加齢とは怖いもので、心の中に刻んだはずの思い出が、どうもはっきり浮かんでこない。今やどれがどの思い出で、誰がどんな顔だったか、確かな記憶が……どこにもない。

あんなに執着していたのに。

ああ、こうやって捨てればいいのか。

不妊治療

不妊治療をうたう産婦人科の待合室って、どうしてこんなに切ない空気が漂っているんだろう。

そして、私はどうしてここに通うようになるまで、自分の体を、女性としての体を放ったらかしにしておいたんだろう。

何十年も女をやってきたのに、一番大切なことに気付いていなかったなんて。

不調に気付いたのは、NYに赴任して何ヶ月もたってからだった。

特派員として勤務していて、周りの手を借りながらなんとか日々の業務をこなすので精一杯で、生理が来ないとかそんな程度で病院に行くなどとは言い出せなかった。

というより、考える余裕さえ持てなかった。

実力以上の舞台を与えてもらっているという期待を裏切りたくなくて、いや正直にいえば、期待に応《こた》えられない自分をさらけ出すのが怖くて、必死に取り繕っているうちに、知らず知らずに女性としての体を追い込んでいた。と、わかったときには、手遅れに近いことになってしまっていた。

病院に行ったときには、なぜもっと早く来なかったのだと医師にあきれられたが、恥ずかしながら、四十にもなろうというのに、スーレスが女性の体に大きな影響を与え、女性としての機能まで奪ってしまうかもしれないことや、出産に時間的リミットがあるということをリアルには認識していなかった。

いや、認識することから逃げていた。

私は人よりも体力があるから。

あの芸能人もこの有名人も四五や五十で産んだから。

だから私もだいじょうぶ。

と、都合のいい情報だけをインプットしていた。

目の前の医師が、対処しないでこのままにすれば出産はかなり厳しい、仕事を休んでゆっくりすべきと淡々と告げたときに、心臓がバクンと大きく波打ったのを、今でも鮮明に体が覚えている。

傷ついた心を別の色に塗り替えて傷ついてないことにしてしまう、という使い慣れた手法を持ち出し、年齢も年齢だし、それもいたしかたないのかもと頭では処理したが、病院を出たとたん、思いがけず、力が抜け、ものすごい不安と後悔、焦燥感に襲われた。

自分が出産できなくなるかもしれないということが、これほどまでに自信を根こそぎ奪い去ってしまうとは、思いもしなかった。

唐突に突きつけられた、今まで認識したことのない大きな衝撃。

リアルな人生設計もなく、ただ目の前の仕事をすることに夢中になっていた毎日と引き換えに、こんなことが待っていたとは。

それまで結婚や出産から目を背けるかのように自由気ままに生きてきたくせに、子供がいないことも人生の選択だわとうそぶいていたくせに、うろたえた。

だって、ただ一生懸命、責任感を持って仕事をしてきただけなのに。

そんな言い訳を毎日毎日、自分にむかって並べた。

産婦人科の待合室は、不思議なところだ。屈託のない不安と、屈折した不安を抱える女たちが、隣り合わせに座っている。前者は、この妊娠がうまく出産にたどりつくかという不安。後者は、わらをもつかむような妊娠を願う思い、しかし期待しすぎては傷が深くなる、と恐れてもいる、期待と諦《あきら》めとが複雑に絡《から》んだ不安。

結婚して子供がいる友人たちは言う。いいじゃない、子供がいない分、やりがいのある仕事があるのだから。子供がいたら、時間も自由もないよ。どっちが幸せか分からないわよ……。

よく分かっている。やりがいがある、と仕事に手応えを感じ始めたのは、働き始めてから二十年も経《た》ってからだ。私のような不器用な人間には、このくらいの時間が必要だった。確かに、出産していれば今のような仕事はできていないかもしれない。よく分かっている。

でも、そういうふうに心が割り切れないのだ。子供が産めるイコール女、だとは考えていないタイプの人間である。私は。

なのに、本能的にからだがそう思ってしまう。

気持ちを楽にするために、ひとりで産婦人科に通った。

先生は、そして私自身さえ、諦め半分だ。本を読めば読むほど、勉強すればするほど、難しいだろうなと分かる。

にもかかわらず、少しばかりの可能性を追って、自分のからだに鞭《むち》を打つことをやめられなかった。

何のために？

そこまでする必要があるのか？

もういいじゃないか、こういう人生もある。

次に生まれたときで……。

しばらくたって、気持ちが落ち着いてきた。

結婚や出産は、仕事でやるだけのことをやってからと思っていたから、どちらかを迫られたら、仕事を選択してきた。

あのとき結婚していれば子供を二人くらい産んで、仕事もそれなりにできていたんじゃないか。

なぜ、あのとき……。

こうした後悔を取り消す魔法を今さら求めて頑張っても仕方がないじゃないか。

こういう人生の選択をしてしまった自分を含めて、なにもかも受け入れるべきなんじゃないか。

今度こそリアルな自分を受け止め、大方の女性とは違う形になるかもしれないが、自分なりの価値観をみつけるべきではないのか。

そんな風に思いかけたときに、友達から言われた。

がんばれば、行けるんじゃない？　女なんだから、やっぱり産めるなら産んだ方がいいよ。

心の中で涙がどっと流れた。

独り遊び

独り遊びの手段をいくつか増やして来たが、そのなかにお気に入りのプレイがある。感覚を一つ閉じるというプレイ。

例えば、視覚。

目を閉じて、食べる。

日曜の夕食、一人。ちょっといい刺し盛りを買って来る。醬油《しょうゆ》やら、お土産でもらった各地の塩やらをのっけて、順番にちびちびと、目を閉じていただく。

すると、驚くほど食材と調味料の味が入って来る。

いつもとは全然違う感触・風味。

感動で、目を開けてしまう。

こういうのを開眼《かいがん》というんじゃないかとか、勝手な解釈をつけたりしてほくそ笑む。同じ食材を繰り返しいただかなくては消費しきれない一人暮らしには、非常によい方法で、ちょくちょくやっている。

あと、お風呂《ふろ》もすごい。目を閉じて入るだけで、湯の温度や水の皮膚へのあたり、自分の皮の感触、これにも感激する。

軽い危険さえ感じ、緊張感までも呼び起こされる。ちょっと快感ですらある。いかに私は、普段五感の情報をちゃんと感じていないかと愕然《がくぜん》とするほどだ。

あと、耳を塞《ふさ》いで過ごす、もたまにはよい。誕生日に、ヘッドフォンをいただいた。音が良いだけでなく、外に音が漏れない優れものだと説明を受けた。

確かに家の音響設備を整えたいと話したことを覚えていてくれたのは嬉しかったけれど、一人暮らしなので、音は漏れても構わない。いやむしろ、好きなときに好きな音量で部屋中に鳴らせる生活を選んでいるわけだけれども……。

不思議なプレゼントだ、と思うと同時に、プレゼントしてくれたHさんの奥さんの顔が浮かぶ。奥さんともよくご一緒するが、自他ともに認める恐妻だもんな。家で音を鳴らしたら、きっとうるさく言われるんだろうな。だからついつい他人もそれを気にしていると思いこんじゃったんだろうな。

あ〜、パートナーの存在感、威圧感ってこんなふうに、思いもかけないところにまで影響を及ぼすのね、とせつなくさえなってしまう。

と話がそれたが、とにかく、音が漏れても誰からも何の文句も言われないこの部屋には、このヘッドフォンは必要ない。しかも、あまりにも耳にあたる部分が大きなそれは、出張のときに持ち歩くには大げさすぎる。

いっそDJ風に首に引っ掛けてファッションとして使ってみる方法も考えてはみたが、ふさわしい衣装が無い。家にある服をどう組み合わせて着てみても、そぐわない。四十過ぎたおばちゃんがスーツ姿で大きなヘッドフォンをつけている姿……皆が納得するファッションコーディネートが思いつかない。

はてどうしたものかと悩んでみたが、まあ一回は装着してみようと耳に当てたら、ほぼ無音の世界が生まれた。

コードが多少邪魔になるが、お腹《なか》に巻き付けて二十分ほど過ごしてみたら、これが驚きの連続。

目に映るものが、くっきりと輪郭を持って飛び込んで来る。

空の蒼《あお》、葉の細部、自分の声の振動。鳴き声の聞こえない鳥、音の無いテレビの映像……。

いつもと違う感覚となって見えてくるその姿が、楽しくて仕方ない。

そのうえで目をつぶれば、コーヒーの香りが幾層にも重なって鼻にゆっくりと入って来る。日本酒などは、突然舌の上で語りだすかのように、米の甘さと麹《こうじ》の香りが交互にやって来る。

高級食雑誌の特集のような表現が、こんな私からさえ出てくる。

この五感を閉じるプレイの効能にすっかり気をよくした私は、風邪をひいて鼻が詰まったとき、

「おっ嗅覚《きゅうかく》封じ」

と、嗅覚を閉じる感覚を味わおうとしたが（自主的にはなかなか閉じることのできない感覚なので）、これは、あまり心地よい面を見いだせなかった。

そして、口。

封じてみよう、喋《しゃべ》ることを止《や》めてみようと、休みの日にわざわざ試してみたが、よく考えたら、一人暮らしで家に居ると努力しなくとも無言である。にもかかわらず、喋っちゃいけないと設定すると、電話が鳴ってもとれないとか、宅配便が来ても出られないとか、買い物に行っても感じの悪い客になってしまうとか、いろいろ不都合が多く、すぐにやめてしまった。

五感に限らず、時々、お金を閉じて二日ほど過ごしてみたり、人との連絡を閉じて過ごしてみたり、自分が当たり前に持っている何かを一つ閉じてみると、残りの、持てるものが何かを認識する。

いろいろ見えて、聞こえて、感じる。

こんな独り遊び、大丈夫ですかね……。

嫌われてもいい、なんて、嘘《うそ》だ

『嫌われてもいいから、自分のやりたいことをやり、言いたいことを言う』

などというフレーズを、若くてきれいな女優さんが発言しているのを読むと、いやいやいや、それ美人だからじゃん。

と、素直に受け取れない自分がいる。

美人でもなく、モデル体型なわけでもなく、すごく頭が良いわけでもなく、特に優れた才能や特技も持ち合わせていない、私のようなフツーの輩《やから》は、「嫌われてもいい」わけがない。

特に際立《きわだ》ってモテたり好かれたりしようなどという大それた欲望はとうの昔に捨てているけれども、「せめて嫌われない」でいたい。

というか、そうでないと生きていけないよね、という意識が遺伝子レベルで組み込まれていて、「嫌われない」ことに、生まれてこのかた心を砕いてきた。

新人のとき、上司のプロデューサーに、

「アナウンサーは神輿《みこし》の上に担《かつ》がれる存在なのだから、みんなに担いでやりたいと思われるように、嫌われないようにな」

と言われたことがある。

ジャーナリズムの世界に入ったのだ。私は社会の木鐸《ぼくたく》になる！　これまでは友達に嫌われないために、なるべく輪から外されないように気遣って、自分の意見も押し殺しながらバランスをとって生きてきたけど、これから私はジャーナリストだ。たとえ世をすべて敵にまわそうと、我が信念を貫くのだ！と、決意を固くしていた私にとっては、衝撃的な助言だった。

やっぱここでも嫌われちゃいけないのか～。やっぱそうか～。とがっかりした気持ちと、世の中そういうもんだよね、という諦めがあった。

仕事や人に真剣に向かい合えば向かい合うほど、誠実であればあるほど、嫌われそうな意見を述べたくなるものだ。

実際、仕事上は、少しでもいい番組に仕上げたいがために、結構ずけずけと意見を言ってきた。

でも、そうはしながらも、どこかに必ず、嫌われたらいけないという重石《おもし》があって、後からとってつけたようなフォローに入って、嫌われていないか微妙にさぐったり、白々しく機嫌をとったりしてきた。

四十を過ぎたいつ頃からだろう、それが変わってきた。

人に対して、はっきりとモノを言うようになった。

例えば、チームのある人の言動で周りが疲弊したり、うまく機能しなくなっているとき。

以前なら、これ誰かが言うべきだけど、私が言う必要はないよなあ、責任者は違う人なんだから、何も私が嫌われ役を買って出ることはないわ、と我が身に降り掛かる火の粉の量を計算して逃げることが多かった。

が、最近では、構わず言うようになってきたというのもある。

自分の年齢が上がって、言う立場になってきたというのもある。

経験を積んで、それなりの自信を身につけたから、というのもある。

でもそれ以上に、自分が嫌われないことに対して執着が薄れた、とでも言ったらいいのだろうか。

もっと言えば、人生の折り返し地点を過ぎて、自分を守るために無駄に費す気遣いの時間や労が惜しくなってきた。

しょせんこの人に嫌われても、一生食べさせてもらうわけでもないし。

嫌われの連鎖で、仮にみんなから総スカンを食ってひとりぼっちになっても、その孤独を愛してみせるわい。

みたいな。

そんなことより、どんどんと残り少なくなる人生の中で、誰かと共同で何かを作る機会に正直に向き合っていきたい、と思うようになった。

私の場合は、日々の番組作り。全体のこと、そして相手のこれからのことを思えば、ちゃんと向き合って伝えたい。だから、相手にとって耳の痛いことも言う。たとえ嫌われても。

とはいえ、そんなかっこいい考えが続くわけがない。ときどき自分のうわさ話を耳に挟むと、途端に不安になる。やばい私、嫌われてるんじゃないか。このまま誰にも相手にされなくなって、独りよがりのおばさんで終わって、最後孤独に苛《さいな》まれて朽ちていくのではないか、と。かといって、うまく和を保つことばかりに気持ちを注ぐのは、もういやなのだ。残り時間がないのだもの。いいものはいい、やりたいことはやりたい、それを譲りたくない。

それでも、嫌われるというのは大いなるリスクだ。だから、リスク軽減のための工夫はする。

まずは、相手を選ぶ。いずれ気付いてくれる相手のみに向き合う。

例えば、ちょっときつくでも言ってあげる方が、将来伸びるだろうなと思う若い後輩。

これは、潔《いさぎよ》くモノを言います。

どうせ若い人には、「自分のためにあえて言ってくれてる」ということは分かってはもらえない。ならば中途半端《はんぱ》に婉曲《えんきょく》な言い方で、怒られたんだかなんだか分からないようにするのではなく、がつんと伝えます。

で、丁寧に丁寧に説明します。

相手は、しつこくしつこく言われていると感じることでしょう。

でも、十年後には感謝される。きっと。

ポイントは、将来それに気付かないような若者には言ってはいけないということです。人選を間違うと、

「あのオバハン、偉そうにいいやがって。自分が最高だとでも思ってんのかよ。うぜえよ」

と思われたままで終わる大損パターンになりますので、ご注意を。

ちなみに器の小さい相手だと、それを伝播《でんぱ》されるという手痛い仕打ちをうけることもあります。しかもこのネット時代、取り返しがつかなくなることも。

あとは、とにかく意見を申し上げる前に褒める。褒めるところが無くても褒める。気持ちが無くても褒める。

そこから、がつんと言います。

私の場合は誤解されやすいタイプなので、最後にも「褒める」をおまけにつけちゃいます。

つまり、まず思ってもないけれど、べた褒めをしておいて、そのあと、がつんとご意見し、最後にちょい足しでまた褒める。

これでだいたい大丈夫だと思っています。

とても勘のいい人は気付きます。前後の褒めは、付け足しだと。

ただ、そのくらい頭のいい人なら、なぜこの人が今それを自分に言ったのかを考えられますから、大丈夫。

ちなみに、褒めるって、その相手を一応見るということだから、褒め続けているうちに、ちょっと苦手だった人も、いい奴《やつ》に見えてきたりします。

最初は、思ってもない褒めは良心の呵責《かしやく》と、周囲の白々とした目が気になり、多少苦痛ですが、続けていると自分に得と徳がつもります。

思い切って、心を殺して褒めてみましょう。


だいたい、人にモノを伝えるって、いいことも悪いことも、すべてにおいて大変な精神的苦痛を伴うものです。人と関わらない方が、絶対傷つかないですもの。

でも、関わらずには生活できない。

だからいろいろとやっぱり、なるべく嫌われない方法を探りながら、今日も生きています。

おわりに

若い頃、おばちゃんがなぜ、あんな図々《ずうずう》しい振る舞いをするのか、女性の先輩がなぜ、周りに煙たがられるのも恐れず、ずけずけとものを言ってしまうのか、わからなかった。

わたしは、あんな風にだけはならない、と心に誓っていた。

あの頃は、分かっていなかった。

あれは、おばちゃんや先輩たち自身の、至らない性格や周囲への配慮の無さ、傲慢《ごうまん》さからくるものだと思っていた。

違う。

あれは、環境のなせる業なのだ。

おばちゃんも先輩も、乱高下する時代の男社会にあって、いかに女としてその存在を証明していくか、そんな生物として当然の行動をとっていたら、そうなってしまった、そうならざるを得なかっただけなんだ、と、今、身をもって確信している。

私事だが、最近、涙もろくなった。

他人に対して、甘くなってきた。怒る前に諦《あきら》められるようになってきた。

これは、これはいかん。

社会の悪や間違った秩序、もっといえば他人の性格さえも成敗してしまおうと意気込んでいた、未熟で稚拙で雄々しいあの若さが、私の中から抜け始めている。

このままいくと、社会の悪に驚かず、男社会の都合良い秩序に慣れ、他人の悪意に気付きさえせず、微笑《ほほえ》んで終わらせてしまうようなニンゲンになってしまう。

いろいろと諦めて、楽になってしまう。

その前に、書いておこうと思った。

長い時間がかかった。

四年前、「あさイチ」のホームページに業務として書いていたブログを見て、書いてみないかと声をかけていただいた。

最初の一、二編は書いたものの、本業が忙しいとか、付き合いの酒は全力で飲む質《たち》なので自由な時間がなくてとかいう、理由にならない理由を笑って許して待ち続けてくれた、わたしの糟糠《そうこう》の妻、新潮社の笠井《かさい》麻衣さんのおかげで、なんとか書き上げることができた。

ごめんなさい、そしていつもありがとう（糟糠の妻にたまにお礼を言う、男社会の典型的なオヤジみたいだけど……本当に感謝しています）。

今、その四年前のものも読み返してみたら、面白いほど考えが変わっていた。

とてもじゃないけど、今の私にはその感覚無いわ、と没にした原稿もたくさんある。

きっと、オンナの四十からは、自分でも気付かぬうちに、その内面が大きく変化する時なのだと思う。まるで思春期の少女のように。

だからこそ、今の感情を書き留めておくということは、恐ろしい。恐ろしくてたまらない。来年読み返してみたら、なんじゃこの馬鹿《ばか》な考え、なんでこんなものを人様の前に自意識過剰にもさらしたのか、と頭をクシャクシャにしたくなるかもしれない。けど、出してみようと思った。糟糠の妻を四年も待たせたのだから。笠井さん何度も言うけどありがとう。

ほとんど自分の中のどろどろとした心の動きを書いただけの本だが、今では愛すべきこの〝どろどろ〟も含めて、私があるのは、これまで出会ってくださった全《すべ》ての方々のおかげで、名前を書ききれない。特に、公共放送のアナウンサーという立場から、こんなもの世に出せないのではないかとびくびくしていたが、懐《ふところ》深く出版を許可してくれたNHKとアナウンス室の度量の大きさにあらためて感謝申しあげます。

もう一人。他界した母への思いは初めて正直に書いた。この人、ドがつくほどの糟糠の妻で母親だったのだが、彼女には読ませたかった。読んでもらって、糟糠の妻としてではなく、大人のオンナとオンナとしてじっくりと話をしてみたかった。

骨となったあなたが読めるのかどうかわからないが、一冊、捧《ささ》げます。

文庫版あとがき

番組降板。

その理由が、寿かプライベートの充実か、とまことしやかに報道されました。が、そんなことで大切な番組を降りるほど、やわな仕事の仕方はしてこなかったつもりです。

NHKに入社して二十七年、入社当時から数々の失敗を重ねながらも、言葉に尽くせぬ貴重な経験をさせていただきました。

時が経ち、私も齢《よわい》アラフィフ。気がつけば、すでにベテランと呼ばれる年齢に達しています。

NHKは大きな組織です。

組織ゆえに、ベテランが考えるべきことは、自分はいつ後進に道を譲るかという問題です。上の者が自分のポジションにあまり固執しすぎると、後に続く者のチャンスや伸びしろを妨害してしまう恐れがある。

何より、私自身が若い頃からチャンスをいただき、今があります。

数年前から、このことをずっと考えていました。

「あさイチ」は、立ち上げから仲間とともに育て上げた大切な番組。でも、そろそろ若い人たちにバトンタッチしなくてはいけない。組織に属する者としては、避けられない務めでした。

番組に迷惑をかけないよう、引き継ぎその他も、出来る限り早めに丁寧にと、心がけたつもりです。

でも、そんなカッコつけた覚悟の一方で、本当は、私の中には、もうひとりの別の自分がいました。

「いつまでも現役でいたい」「いつまでも現場にいたい」という、「仕事の虫」の自分です。

そちらの側から自分を見つめると、組織の中で、この先あと十年、これまでと同じように、現場での仕事が続けられるかと問いかけた時、そんなわがままは許されないと思いました。

それは、組織に属する者が持つジレンマといっていいかもしれません。

この先、加齢と闘いながらも、現場にいて現役を続けたい。

できればもう少し自由に、やり残している夢に、ひとつでも多く、少しでも長く接し続けたい。

そんな大それた考えを抱いた時、組織の中では、そのエゴは通らないという結論に達しました。

悩みました。

NHKは、容姿も頭脳も芳しくない私を入社試験で拾ってくれ、失敗しても失敗しても挑戦する限りチャンスを与え、「放送を出す覚悟」を育ててくれた私の大切な場所、そして長い間苦楽を共にし、志を同じくする仲間がいる場所でもあります。

齢五十を前に、わざわざ不安定な方に舵《かじ》を取らなくても、との思いもよぎりました。

考え抜いた末に、組織を離れる決断をしました。

報告をしたら、ほとんどの人が反対。そりゃそうですよね。

父は、「そうか、社会は甘くないから反対だが、結婚もしなかったんだから、一度くらい好きなようにしたらいいんじゃない」と、よくわからない励ましをくれました。「ただ、一度決めたら後ろを見るなよ」と。この二十年で父から聞いた一番いい言葉でした。

でもその言葉のあと、ずいぶんとうじうじと後ろを振り返りました。ごめんなさい、父。

後押しをしたのは、母が亡《な》くなる直前にそっとつぶやいた「由美子、人生なんてあっという間ね」という言葉と、誰よりも早く相談した、一番大切な仕事のパートナー、いのっちが「有働さんが決めたのなら、それが一番良い判断。応援します」と言ってくれた言葉です。

組織を離れて「個」となった時に、私はどれくらいちっぽけで儚《はかな》い存在であるか、これからまざまざと知ることになると思います。

今はまだ、不安だらけです。でも少々経年劣化した体を休めたら、取材や勉強をもう一度、始められればと考えています。

最後になりましたが、ここまで育ててくださったNHKの諸先輩や仲間たち、出演者や外部プロダクションのみなさん、しつこい取材に協力してくださった方々、そして何より視聴者のみなさまに（本当にその声にどれほど救われ、支えられたか）心から感謝して、これから私なりの恩返しをしていければと、図々しくも思っております。

二〇一八年四月　　有働由美子

この作品は平成二十六年十月新潮社より刊行された。

川上未映子著　すべては　あの謎にむかって

天下国家から茶の間まで、手強い世間に投げつけるキュートで笑える紙爆弾88連射！　オモロく／うっとり楽しむ傑作エッセイ集。

角田光代著　よなかの散歩

役に立つ話はないです。だって役に立つことなんて何の役にも立たないもの。共感保証付、小説家カクタさんの生活味わいエッセイ！

三浦しをん著　悶絶スパイラル

情熱的乙女(?)作家の巻き起こす爆笑の日常。今日も妄想アドレナリンが大分泌！　中毒患者急増中の抱腹絶倒・超ミラクルエッセイ。

川上弘美著　なんとなくな日々

夜更けに微かに鳴く冷蔵庫に心を寄せ、蜜柑の手触りに暖かな冬を思う。ながれゆく毎日をゆたかに描いた気分ほとびるエッセイ集。

阿川佐和子著　オドオドの頃を過ぎても

大胆に見えて実はとんでもない小心者。そんなサワコの素顔が覗くインタビューと書評に、幼い日の想いも加えた瑞々しいエッセイ集。

檀ふみ著　父の縁側、私の書斎

煩わしくも、いとおしい。それが幸せな記憶の染み付いた私の家。住まいをめぐる様々な想いと、父一雄への思慕に溢れたエッセイ。

窪　美澄　著
よるのふくらみ

幼なじみの兄弟に愛される一人の女、もどかしい三角関係の行方は。熱を孕んだ身体と断ち切れない想いが溶け合う究極の恋愛小説。

金原ひとみ著
マリアージュ・マリアージュ

他の男と寝て気づく。私はただ唯一夫と愛し合いたかった――。幸福も不幸も与え、男と女を変え得る〝結婚〟。その後先を巡る6篇。

村田沙耶香著
タダイマトビラ

帰りませんか、まがい物の家族がいない世界へ……。いま文学は人間の想像力の向こう側に躍り出る。新次元家族小説、ここに誕生！

津村記久子著
とにかくうちに帰ります

うちに帰りたい。切ないぐらいに、恋をするように。豪雨による帰宅困難者の心模様を描く表題作ほか、日々の共感にあふれた全六編。

田中兆子著
甘いお菓子は食べません

頼む、僕はもうセックスしたくないんだ。仲の良い夫に突然告げられた武子。中途半端な〈40代〉をもがきながら生きる、鮮烈な六編。

藤岡陽子著
手のひらの音符

45歳、独身、もうすぐ無職。人生の岐路に立ったとき、〈もう一度会いたい人〉を思い出した――。気づけば涙が止まらない長編小説。

ウドウロク

新潮文庫　う-25-1

平成三十年五月一日発行
平成三十年五月三十日四刷

著者　有《う》働《どう》由《ゆ》美《み》子《こ》

発行者　佐藤隆信

発行所　株式会社 新潮社

郵便番号　一六二―八七一一
東京都新宿区矢来町七一
電話 編集部(〇三)三二六六―五四四〇
読者係(〇三)三二六六―五一一一
http://www.shinchosha.co.jp

価格はカバーに表示してあります。

乱丁・落丁本は、ご面倒ですが小社読者係宛ご送付ください。送料小社負担にてお取替えいたします。

印刷・錦明印刷株式会社　製本・錦明印刷株式会社

ISBN978-4-10-121326-2　C0195